PRE-STEP
14

プレステップ

統計学Ⅰ
記述統計学
〈第2版〉

稲葉由之/著

弘文堂

は　じ　め　に

　初めて統計学を学ばれる皆さんは、ひょっとすると統計学を数学の一分野としてとらえているかもしれません。そして、確率など高度な数学の知識がなければ統計学を理解することはできないと考えていませんか。

　統計学は**記述統計学**と**推測統計学**に分けることができます。確率の知識は、推測統計学を学ぶためには必須ですが、記述統計学において必要不可欠というわけではありません。たとえば、統計数値やグラフを用いてレポートを作成するときに確率の知識はつかいません。

　プレステップシリーズでは、「統計学」を『プレステップ統計学Ⅰ　記述統計学』と『プレステップ統計学Ⅱ　推測統計学』の2冊に分けて構成しました。**『プレステップ統計学Ⅰ　記述統計学』**では、統計データの整理や分析に関する高校数学の内容をさらに詳細に解説し、統計学の各方法を実際の統計データに適用する際の注意点について指摘しました。一方、**『プレステップ統計学Ⅱ　推測統計学』**では、確率や確率分布の学習を含めて、母集団の推定や仮説検定について解説します。『プレステップ統計学Ⅰ・Ⅱ』における共通の学習目標は、統計数値を用いて専攻分野のレポートを作成する基礎能力を育成することです。

　本書『プレステップ統計学Ⅰ　記述統計学』では、統計データの性質の違いやグラフの扱いに慣れてもらうために、第4章まで数式はほとんど登場しません。第5章以降の平均値や分散、標準偏差などの計算も、中学数学の知識で理解できるように配慮しました。また、数式の展開には実際の数値を入れた状況を併記して、具体的なイメージがわくようにしました。さらに各章には問題や確認テストを設けていますので、知識の定着を確認しながら学習を進めていくことが可能です。

　本書を通じて、一人でも多くの学生が統計学を活用できる能力を身につけ、自信をもって専攻分野の研究に進んで行ってくれることを願っています。

稲葉　由之

コラム一覧

本 書 の 使 い 方

クイズ

各章で学ぶ内容に関連するクイズを出して，章のはじめに興味を高めるようにしています。

本 文

講義の部分です。内容説明と例題（解き方や解答を含む）や問題により構成されています。内容説明と例題により学んだ内容は，問題を解くことにより理解を確認する方式をとっています。また，学習内容に関連する話題としてコラムを取り入れました。

講義のまとめ

講義内容を整理して，再確認を行います。

確認テスト

各章で学んだ内容に関するテストを最後に設けています。本文中の問題とは視点を変えた内容にしているため，確認テストを解くことにより理解を深めるようにしています。

第1章 統計学とはなにか

この章で学ぶこと

● 社会問題の状況をあらわす統計データは集計された数値がほとんどです。

● 統計データの性質を理解してグラフを表現しなければいけません。

● さまざまな専門分野と統計学との関連性を理解します。

● 記述統計学と推測統計学との違いを知ります。

この章では，本書で学ぶ内容について簡単に説明します。よくわからない箇所があっても，あまり気にせず読み進めてください。詳しい内容は第2章以降で学んでいきます。

クイズ ● 1-1 統計データと統計表

　表の形式で表現された統計データとして以下の表A，表B，表Cがあります。それぞれの表であらわされている数値を観察して，その意味を考えてみましょう。たとえば，表Aでは，200人のうち44人は東京都に居住する男性であることなどがわかります。また，表Bでは，個人情報として，氏名や性別，居住地，年齢が1人ずつ示されています。

　表A，表B，表Cのうち1つの表は示している数値の意味が異なります。仲間はずれの表を1つ選んでください。

A

	総数	男女別	
		男性	女性
総　数	200	100	100
居住地　東京都	105	44	61
神奈川県	95	56	39

B

番号	氏名	男女別	居住地	年齢
1	国立　由美子	女	東京都小平市	25
2	本郷　誠	男	東京都目黒区	27
3	三田　健一	男	神奈川県横浜市	33
⋮	⋮	⋮	⋮	⋮
199	高田　直美	女	東京都新宿区	23
200	峰沢　大輔	男	神奈川県横浜市	34

C

	総数	年齢階級	
		30歳未満	30〜34歳
総　数	200	110	90
男女別　男性	100	53	47
女性	100	57	43

クイズの解答は13ページにあります。よく考えてから解答を見ましょう。

　以下の２つの文章 A，B を読んでください。社会問題の状況（規模や推移など）を，他の社会問題と比較できるように明確に表現した文章はどちらでしょうか（解答は 13 ページ）。

> A：米国サブプライムローン問題に端を発した不況の影響により，日本における生活保護受給世帯数は増加したものの，近年は増加のスピードが弱まっている。また，生活保護を受けている人々が全人口に占める割合は高い水準にある。
>
> B：厚生労働省の被保護者調査によると，令和 5 年 6 月（2023 年 6 月）における生活保護の被保護人員は 202 万 563 人であり，前年同月と比べて 2,818 人減少（0.1％減）した。保護率は人口 100 人当たり 1.62％であった。また，被保護世帯数は 164 万 9,300 世帯であり，前年同月と比べて 8,256 世帯増加（0.5％増）した。

身の回りの統計データ

Point

☐ 統計データを用いて社会問題の状況を説明するとわかりやすい。

☐ 公表された統計データには集計された数値が多い。

　社会問題の状況を説明する文章に統計データを含めると，文章の説得力が増します。インターネット上で広まったと言われている「世界がもし 100 人の村だったら」という話は，世界人口を 100 人に換算して社会問題の状況を表現した話です。「世界には，きれいで安全な水を飲めない人がいる」というよりも「世界がもし 100 人の村だったら，17 人の村人はきれいで安全な水を飲めません」と表現した方が問題の深刻さを理解できます。さらに，人数に基づいて他の社会問題との規模の比較を行うことも可能です。

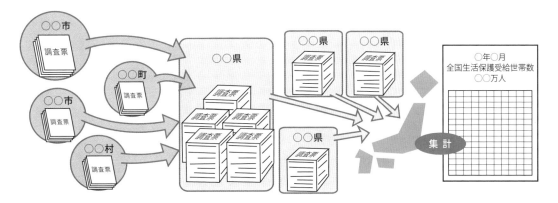

私たちが目にしている統計データの多くは集計された数値です。クイズ1-2の生活保護の被保護人員202万563人という統計データは，市町村や福祉事務所が把握している生活保護の被保護人員や世帯に関する調査結果を都道府県で収集して，さらに全国の被保護人員として集計した結果に基づいています。

　本書では，統計データを集計する方法を第3章，統計表のグラフ表現を第4章，統計表や統計量に基づく説明文章の作成を第6章で学びます。

クイズ ● 1-3　折れ線グラフと棒グラフ

　2022年における大学新規学卒者の所定内給与額を都道府県別に表現したグラフをAとBに示します。グラフAは折れ線グラフ，グラフBは棒グラフです。どちらのグラフ表現の方が適切でしょうか（解答は13ページ）。

A

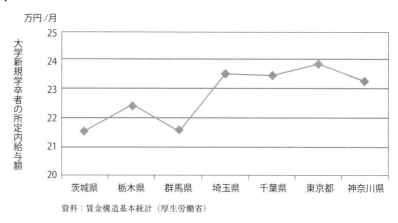

資料：賃金構造基本統計（厚生労働省）

B

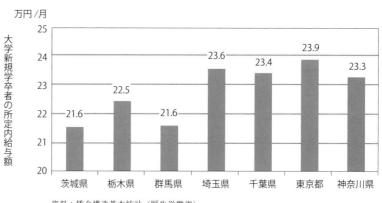

資料：賃金構造基本統計（厚生労働省）

統計データのグラフ表現

Point

☐ 折れ線グラフと棒グラフとの違いを知る。

☐ 横軸の統計データの性質によってグラフ様式を選択する。

　統計データをグラフで表現するときに最も気をつけることはグラフの横軸の性質です。順序が意味をもたない統計データを横軸に表現するときには，折れ線グラフを用いることができません。なぜなら，横軸方向での関連性がないため，統計データを線で結ぶことに意味がないからです。一方，横軸が年月などの時間をあらわす統計データの場合，順序が意味をもっているため折れ線グラフを用いることができます。このように，統計データの性質を理解して，それに適合したグラフ様式を選択しなければなりません。

　図1-1は折れ線グラフの例です。時間は順序が意味をもつ統計データですから，横軸に年度をとると折れ線グラフを表現することができます。図1-1は大学新規学卒者の所定内給与額の推移を示したものです。この図から，大学卒業者の初任給の所定内給与額は緩やかな増加傾向にあることがわかります。

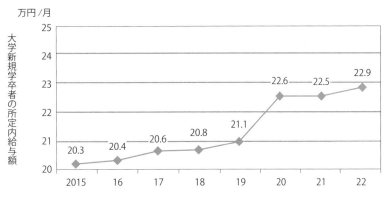

注：2019年までの所定内給与額は遡及集計をした額である。
資料：賃金構造基本統計（厚生労働省）

図1-1　大学学卒者の所定内給与額の推移

　統計データは，その性質により4種類に分類されますが，それらについては第2章で詳しく説明します。また，統計表のグラフ表現については第4章で学びます。さらに第9章では統計データの散らばりを図で表現する方法を習得します。

本書『プレステップ統計学Ⅰ』で学ぶ内容

本書『プレステップ統計学Ⅰ』で学ぶ内容は以下のとおりです。最後の第12章では総合的な問題演習を行います。

第2章　統計データの分類

- 統計データの2つの種類と4つの尺度

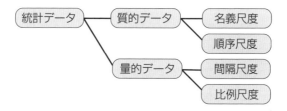

- 用語の定義と表記法（記号の書き方）

第3章　統計データの集計

- 統計データの集計方法と統計表の作成

第4章　統計表のグラフ表現

- 統計表は棒グラフとヒストグラムのどちらで表現するのか？

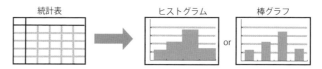

第5章　中心の位置の統計量

- 統計データの中心の位置はどの値であらわすのか？

- 平均値と中央値の性質

第6章　変化を表す統計量

- 変化を表すとき，どのような文章を記述すればよいのか？

- 全体の変化率に対する影響の度合いを表す寄与度と寄与率

本書で学んだ統計量やその活用は個別に理解すればよいわけではありません。すべてを総合して問題に対応してみましょう。

クイズ 1-1 の解答　▶ B

表 A や表 C では，男女別や居住地，年齢階級において集計された人数を示しているのに対して，表 B は集計の基となった個人情報（統計データ）をあらわしています。このため，表 B が仲間はずれの表となります。

クイズ 1-2 の解答　▶ B

文章 B は統計データを含めて説明しているため，社会問題の状況を明確に表現しています。たとえば，2023 年 6 月には人口 100 人当たり 1.62 人が生活保護を受けていることがわかります。また，資料の出所（厚生労働省 被保護者調査）も記述しているため，統計データの根拠が明らかです。

クイズ 1-3 の解答　▶ B

折れ線グラフ A は線で結ばれた表現です。このため，隣り合った項目で何らかの関係が成立していなければなりません。都道府県には順序関係はないため，折れ線グラフ A よりも棒グラフ B の方が適切なグラフであるといえます。また，グラフ B のように統計数値も含めて表現した方がわかりやすいグラフとなります。

統計学とはなにか：「統計」訳語論争

　さまざまな専門分野のなかで，統計学はどのように位置づけられるのでしょうか。これを物語る例として，明治における「統計」訳語論争を紹介します。

　明治初期，欧米のさまざまな学問や用語が導入され，それらが日本語に訳されました。statistics という語には「統計」という訳があてられましたが，これに反対する人々は「スタチスチィク」と原名のままで用いることを主張しました。「統計」訳語論争とは，スタチスチィク社幹事の今井武夫と，陸軍軍医であり文筆家でもある森林太郎（森鷗外）による論争（明治22年）です。

　統計と訳することにより、簿記計算の一部かのように考える人もいるだろう。
　統計には「統べ計る」という合計の意味しかない。スタチスチィクには多くの訳義があり、統計という訳では、その一部分しか表現することができない。日本語に置き換えることができないため、原名のままでよい。
　スタチスチィクの役割は、社会法則の発見にある。

　統計は、集計や分類を行う方法である。
　統計は、何が原因で何が結果であるのかを明らかにすることはできない。
　たとえば、男女の出生比 0.515 の原因を探求することは統計学の役割ではない。
　統計の役割は、事実を表現することにあり、因果関係を探求することにはない。

statistics ▶ スタチスチィク
今井武夫

statistics ▶ 統計
森林太郎（森鷗外）

　今井武夫は statistics を他の学問分野をも包含した広い範囲にとらえたのに対して，森林太郎は statistics を方法論という狭い範囲でとらえました。この論争の後，統計という訳語が一般的になったため，明治25年にスタチスチィク社は統計学社と改称し，発行論文誌であるスタチスチィク雑誌も統計学雑誌に改称されました。一方，森林太郎が統計学を方法論として捉えて統計で因果関係を証明できないと考えたことは，陸軍における衛生学

の悲劇につながります。このことについては第10章コラムで紹介します。

参考文献：
林文彦（1957）「日本統計学史考─森林太郎の統計観について─」『早稲田商学』127，811-836.
福井幸男（1994）「森鷗外・統計訳字論争・疫学統計」『商學論究』42，31-51.

　明治期における訳語論争を経て，統計学は方法論の専門分野として認知されるようになりました。新聞記事やテレビ報道などで毎日のように統計データは提示され，社会問題や現象を表現することに統計学は活用されています。統計学が方法論として他の専門分野と分かれたことにより，経済学や社会学，心理学，経営学，工学，医学などの実証分析をともなうさまざまな専門分野において，統計学は必要不可欠な科目となったのです。なぜならば，統計学を活用しなければ，それぞれの専門分野で他の人々を納得させるような論文を作成することは難しいからです。

記述統計学と推測統計学

Point

☐ 統計学の基礎は，記述統計学と推測統計学に分けることができます。

☐ 本書では記述統計学について学びます。

　統計学における主要な成果の1つは，調べたい対象をすべて調べなくても状況を推測することができ，さらに推測の精度についても評価できる点にあります。たとえば，国民の生活に関する意識や要望を調べる内閣府の世論調査は，全国20歳以上（約1億人）を調査対象としていますが，実際に調べているのは1万人です。1万人を調べれば，国民の意識や要望の状況や変化を捉えることができるからです。そして，得られた意識調査の結果が50％程度のときには信頼係数95％で±1.4％ポイント（回答5000人の場合）の誤差が生じるという推測の精度についても公表されています。

　推測やその精度評価に関する理論は，統計学のなかでも推測統計学の範囲に含まれています。推測統計学を学ぶには確率理論に関する知識が必要となりますが，確率理論の学習には多くの時間を割かなければなりません。一方，推測統計学の範囲に含まれる推測や精度評価を実施しなくても，統計データに基づいて問題状況を表現することはできます。そこで，本書では，統計データを記述する方法を主な範囲とする記述統計学について学びます。本書の目標の1つは，さまざまな専門分野において統計データを用いた説得力のあるレポートを作成できるようになることです。

図1-2は，統計学における記述統計学と推測統計学の範囲を示したものです。記述統計学では，統計データに基づいた統計表作成や統計量の計算のほか，グラフ表現や統計量の文章表現を行います。これに対して，推測統計学では，得られた統計データから調査対象である母集団の状況を推測します。本書『プレステップ統計学Ⅰ』では記述統計学を，『プレステップ統計学Ⅱ』では推測統計学を学びます。

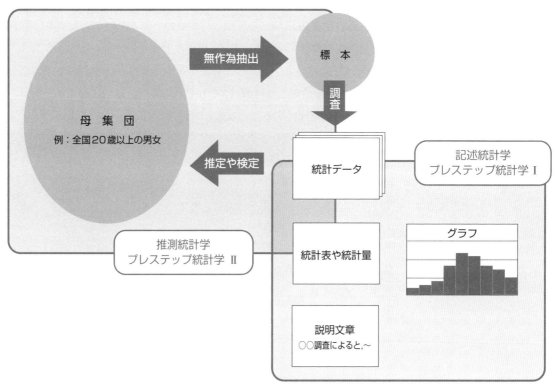

図1-2　記述統計学と推測統計学の範囲

講義のまとめ

❶ 公表された統計データは集計された数値であることがほとんどです。

❷ 統計データを含めた文章は社会問題の状況を明確に表現できます。

❸ さまざまな専門分野において統計学は必要不可欠な科目です。

❹ 本書では統計データを記述する方法を学びます。

記号表

第2章以降で用いる記号を整理しておきます。各章で記号の使い方がわからなくなったときには，このページに戻って確認してください。

記号	意　味	備　考
i	観測値の番号	変数の下添字として用いることもある。
n	統計データの大きさ	観測値が n 個存在する。
x	変数	
x_i	変数 x の i 番目の観測値	
$x_{(i)}$	変数 x を小さい順に並べた場合の i 番目の観測値	$x_{(i)} \neq x_i$
$\bar{x}$	変数 x の平均値	$\bar{x} = \dfrac{1}{n}\sum_{i=1}^{n} x_i$ （エックスバー）と読む
$\sum_{i=1}^{n}$	添字 i に関する和	$\sum_{i=1}^{n} x_i = x_1 + x_2 + \cdots + x_n$
Me	中央値	n が奇数のとき，$Me = x_{\left(\frac{n+1}{2}\right)}$ n が偶数のとき，$Me = \dfrac{x_{\left(\frac{n}{2}\right)} + x_{\left(\frac{n}{2}+1\right)}}{2}$ （メディアン）と読む
Δx_t	変数 x の t における増分	$\Delta x_t = x_t - x_{t-1}$ （デルタエックスティ）と読む
s_x^2	変数 x の分散	$s_x^2 = \dfrac{1}{n}\sum_{i=1}^{n}(x_i - \bar{x})^2$
s_x	変数 x の標準偏差	$s_x = \sqrt{s_x^2}$
$C.V.$	変動係数	$C.V. = \dfrac{s_x}{\bar{x}}$
z_i	標準化した変数 z の i 番目の観測値	$z_i = \dfrac{x_i - \bar{x}}{s_x}$
s_{xy}	変数 x と変数 y の共分散	$s_{xy} = \dfrac{1}{n}\sum_{i=1}^{n}(x_i - \bar{x})(y_i - \bar{y})$
r_{xy}	変数 x と変数 y の相関係数	$r_{xy} = \dfrac{s_{xy}}{s_x s_y}$

第2章 統計データの分類

この章で学ぶこと

● 統計データは質的データと量的データの2種類に分類することができます。

● 統計データは4つの尺度に分類することができます。

● 「統計データ」「変数」「観測値」という用語の定義と表記法を学びます。

統計データの性質を見極めることは重要なポイントです。まず，下のクイズに挑戦してみてください。間違えてもかまいません。自分なりに仮説を立てて分類してみましょう。

クイズ ● 2　統計データの性質を見分けよう

　統計データのもつ性質に基づいて，次ページの**データ**①〜**データ**⑥をAとBの2つのグループに分類しました。データ例をよく見て，何を基準に分けられているのかについて類推してください。ここでいう統計データとは，たとえば**データ**①では，「男性」や「女性」です。データ例は次のページを見てください。

　残りの分類されていない統計データ（**データ**⑦〜**データ**⑩）は，A，Bどちらのグループに分類されることになるでしょうか。AまたはBのどちらかに○をつけてください。データ例をよく見てから判断してください。

グループ A	
データ①	性別
データ③	レストランでの満足度
データ④	J1 リーグの順位

グループ B	
データ②	年齢
データ⑤	個人年間収入
データ⑥	脈拍数

データ⑦〜⑩はどちらのグループに分類されますか？AかBに○をつけましょう。解答は20ページ。

データ⑦	今後の生活見通し	A	B
データ⑧	気温	A	B
データ⑨	J1 リーグの得点合計	A	B
データ⑩	世帯年間収入	A	B

データ① 「性別」 ・・・

個人の性別を調査した。
データ例：個人番号，性別

個人番号	1	2	3	4	…
性　別	男性	男性	女性	男性	…

データ② 「年齢」 ・・・

個人の年齢（満年齢）を調査した。
データ例：個人番号，年齢

個人番号	1	2	3	4	…
年　齢	24	37	19	32	…

データ③ 「レストランでの満足度」 ・・・

実際に飲食をしたレストランの満足度を5つの評価に分けて判断した。
データ例：レストラン番号，満足度

レストラン番号	2	7	3	5	1	…
満足度	満足	やや満足	どちらともいえない	やや不満足	不満足	…

データ④ 「サッカー J1 リーグの順位」 ・・・

サッカー J1 リーグにおける 2022 年の順位
データ例：クラブ，順位

クラブ	横浜	川崎	広島	鹿島	…
順　位	1 位	2 位	3 位	4 位	…

データ⑤ 「個人年間収入」 ・・・

昨年 1 年間の収入（万円/年）を調査した。年収の記入では，年収を 10 万円単位で記入する形式である。
データ例：個人番号，年間収入

個人番号	1	2	3	4	…
年間収入	250	680	140	320	…

データ⑥ 「脈拍」 ・・・

看護師がある人物の脈拍（脈拍数/分）を計測した。
データ例：日時，脈拍

日　時	10 日 6 時	10 日 18 時	11 日 6 時	11 日 18 時	…
脈　拍	64	68	72	76	…

データ⑦ 「今後の生活見通し」 ・・・

「生活は，これから先どうなっていくと思うか」を聞いた結果（内閣府の世論調査）
データ例：個人番号，今後の生活見通し

個人番号	4	2	12	7	…
今後の生活見通し	良くなっていく	同じようなもの	悪くなっていく	わからない	…

データ⑧ 「気温」 ・・・

東京の日最低気温月平均値（℃）
データ例：年月，気温

年　月	2023 年 1 月	2023 年 2 月	2023 年 3 月	2023 年 4 月	…
気　温	1.8	3.0	8.6	11.9	…

データ⑨ 「サッカー J1 リーグの得点合計」 ・・

サッカー J1 リーグにおける 2022 年全試合の得点合計（点）
データ例：クラブ，得点合計

クラブ	横浜	川崎	広島	鹿島	…
得点合計	70	65	52	47	…

データ⑩ 「世帯年間収入」 ・・・

昨年 1 年間の世帯員全員の収入合計を調査した。年収の記入では，年収に関する区分を選択する形式である。
データ例：世帯番号，年間収入

世帯番号	1	2	3	4	…
年間収入	400～600 万円未満	1,500 万円以上	200 万円未満	200～400 万円未満	…

クイズ2の解答 ▶

データ⑦　今後の生活見通し……………………………… A
データ⑧　気温………………………………………………… B
データ⑨　J1リーグの得点合計 ……………………………… B
データ⑩　世帯年間収入……………………………………… A

データの性質の違いに気づきましたか？　答え合わせをしてみましょう。
違っていたとしたら，それはなぜだったかを考えてみるのもいいですね。

質的データと量的データ

Point

☐ 統計データは質的データと量的データの2種類に分けることができる。

☐ 質的データとは数値としての意味をもたないデータであり，量的データは数値として意味をもつデータである。

　ある統計データを足し算あるいは引き算をした値が意味をもつならば，量的データであると言えます。**データ②年齢**の場合，調査時点から5年前の年齢は，それぞれの統計データから5を引くことによって計算でき，年齢の値として意味をもちます。たとえば，個人番号1番の「24」歳から「5」を引けば「19」歳となり，5年前の年齢を計算することができます。

　一方，**データ④J1リーグの順位**の場合，順位の値に関する足し算や引き算に意味はありません。このような統計データは質的データです。たとえば，3位から2位を引いて1位という計算はしません。

　また，統計データを2種類に分けるうえで着目する点は，統計データが量の測定に用いる単位（例：歳，万円など）をもつか否かという点です。統計データが単位をもつ場合は量的データであると判断することができます。

4つの尺度：名義尺度，順序尺度，間隔尺度，比例尺度

　質的データと量的データという2種類の統計データをさらに2つずつに区別して，4つの尺度に分ける考え方もあります。

Point

□4つの尺度は，名義尺度，順序尺度，間隔尺度，比例尺度と呼ばれる。

名義尺度 (nominal scale)	区別するために数字をつけただけで大小に意味はない。 例：電話番号，背番号
順序尺度 (ordinal scale)	数字は順序を示し，大小には意味があるが演算はできない。 例：等級，順位
間隔尺度 (interval scale)	数値の差には意味があり，加減の演算ができる。 例：カレンダーの日付，気温
比例尺度 (ratio scale)	数値の差と比の両方に意味があり，加減乗除の演算ができる。 例：重さ，長さ，収入，年齢

また，質的データの尺度は名義尺度と順序尺度であり，量的データの尺度は間隔尺度と比例尺度であるという対応関係があります。

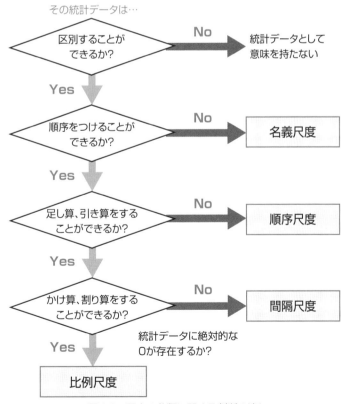

図2-1　尺度の分類に関する判断の流れ

統計データが4つの尺度のうちどの尺度に分類されるのかについて，音楽ソフトアルバム年間ランキングに関する統計データ（表2-1）を例に挙げて説明します。尺度の分類に関する判断は図2-1に示したような流れに従って実施することができます。表2-1における統計データの項目は，**順位**，**タイトル**，**アーティスト**，**発売日**，**推定累積売上数**の5つの項目です。

表2-1　音楽ソフトアルバム年間ランキング（2018年）

順位	タイトル	アーティスト	発売日	推定累積売上数
1	Finally	安室奈美恵	2017/11/8	638,939
2	僕たちは，あの日の夜明けを知っている	AKB48	2018/1/24	611,056
3	海の Oh, Yeah !!	サザンオールスターズ	2018/8/1	562,392
4	重力と呼吸	Mr. Children	2018/10/3	429,913
5	初恋	宇多田ヒカル	2018/6/27	367,720
6	GR8EST	関ジャニ∞	2018/5/3	351,306
7	FACE YOURSELF	BTS（防弾少年団）	2018/4/4	338,324
8	BDZ	TWICE	2018/9/12	274,585
9	Yummy !!	Kis-My-Ft2	2018/4/25	250,555
10	SENSE or LOVE	Hey! Say! JUMP	2018/8/22	233,858

注：集計期間は 2017/12/25 付～2018/12/17 付．実質集計期間は 2017/12/11（月）～2018/12/9（日）である。
資料：『第51回オリコン年間ランキング2018』年間アルバムランキング（(株) オリコン（http://www.oricon.co.jp））

(1) 名義尺度

まず，**タイトル**では，第1位の「Finally」と第2位の「僕たちは，あの日の夜明けを知っている」との区別をすることができます。しかし，この2つのタイトルに関して順序をつけることはできません。順序がついているのはそれぞれの CD の**週間売上数**であり，**タイトル**という統計データに関する順序ではありません。このため，図2-1において「順序をつけることができるか？」の分岐で「No」となり，**タイトル**は名義尺度であると判断することになります。また同様に**アーティスト**も順序をつけることができないため，名義尺度となります。**アーティスト**に関するさまざまなランキングは，そのアーティストに対する投票数に関して順序をつけたものです。

(2) 順序尺度

つぎに，アルバム年間ランキングの**順位**について判断します。**順位**は足し算や引き算が意味をもたないため順序尺度となります。たとえば，3位に2位を足して5位になるという計算を行うことはできません。またたとえば，1位と2位の差と，5位と6位の差が同等であると考えることができません。

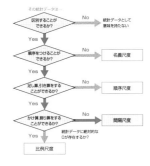

(3) 間隔尺度

　つづいて，最も判断が難しいのは，**発売日**という統計データです。**発売日**は足し算や引き算が意味をもちます。たとえば，「2018 年 12 月 20 日」の 1 か月前は「2018 年 11 月 20 日」です。ただし，かけ算や割り算をした値は意味をもちません。日付に関する統計データは，起点である 0 の位置が明確に定義されていません。西暦では起点が存在していますが，西暦元年からの年数の比が意味をもつとは考えられません。したがって，**発売日**は日付の間隔のみが意味をもつ間隔尺度となります。

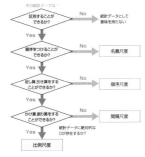

(4) 比例尺度

　最後に，**推定累積売上数**は，かけ算や割り算が意味を持ちます。たとえば，2018 年の推定累積売上数は，第 1 位の「Finally」で 63 万 8,939 枚であり，第 8 位の「BDZ」で 27 万 4,585 枚です。これから，「Finally」は「BDZ」の 2 倍以上（＝638,939÷274,585＝2.33...）の売上数であることがわかります。そこで，**推定累積売上数**は，売上数の比が意味をもつ比例尺度となります。

　比例尺度と間隔尺度を判断するためのもう 1 つの基準は「統計データに絶対的な 0 が存在するか否か」という点です。**推定累積売上数**には，まったく売れなかった「0 枚」という統計データが存在しますが，**発売日**には「0」と考えることができる統計データが存在しません。この基準での判断の方が，間隔尺度と比例尺度の違いを理解することが容易かもしれません。ただし，間隔尺度に分類されるような統計データはほとんどありませんので，間隔尺度と比例尺度の違いを深く気にする必要はないでしょう。

column

日付の管理

　PC などのネットワーク上の機器は時刻を表現するのに，「1900 年 1 月 1 日 0 時 0 分 0 秒」を起点としています。たとえば，Windows 版の表計算ソフトウェアは「1900 年 1 月 1 日」を起点にして日付データを管理しています。

　表計算ソフトウェア（Microsoft Excel など）のセルに「1900/1/1」と入力して，「書式」メニュー「セル」から「表示形式」タブで「数値」を選択してみましょう。セルは「1」と表示されます。つまり，起点から 1 日目という表示です。また，1 年は 365.25 日ですので，100 年分にあたる「36525」をセルに入力して，「表示形式」タブで「日付」を選択しますと，「1999/12/31」と表示されます。

　これらの日付は便宜上「1900/1/1」を起点として定めただけであり，起点となる時点は絶対的な意味をもつものではありません。

例題 2-1　統計データの分類

　クイズ 2-1 に示した統計データ①〜④を 4 つの尺度に分類します。**データ①性別**では，男女の順序をつけることができませんので，区別することができるだけの名義尺度となります。**データ②年齢**は，0 歳という絶対的な 0 が存在するため比例尺度です。**データ③レストランでの満足度**は，満足度に順序はつきますが，「満足」と「やや満足」との間隔と「やや満足」と「どちらともいえない」の間隔が同じでない場合が考えられるため，順序尺度となります。ただし，このような満足度に関する統計データは，間隔尺度として用いられることもあります。たとえば，評価する人が 5 点満点の評価を行う場合などは間隔尺度として考えることができます。**データ④J1 リーグの順位**は，順位に関するデータですので，CD 売り上げの**順位**と同じく**順序尺度**です。

表 2-2-1　4 つの尺度の分類例①〜④

	区別可能か？	順序はつくか？	足し算，引き算は可能か？	かけ算，割り算は可能か？	尺度の判断
データ①　性別	○	×	×	×	名義尺度
データ②　年齢	○	○	○	○	比例尺度
データ③　レストランでの満足度	○	○	×	×	順序尺度
データ④　J1 リーグの順位	○	○	×	×	順序尺度

問題 2-1　4 つの尺度

下表の空欄を埋めて，クイズ 2 に示した統計データ⑤〜⑩を 4 つの尺度に分類してください。

（解答は p. 146）

表 2-2-2　4 つの尺度の分類例⑤〜⑩

	区別可能か？	順序はつくか？	足し算，引き算は可能か？	かけ算，割り算は可能か？	尺度の判断
データ⑤　個人年間収入					
データ⑥　脈拍数					
データ⑦　今後の生活見通し					
データ⑧　気温					
データ⑨　J1 リーグの得点合計					
データ⑩　世帯年間収入					

統計データ，変数，観測値の定義と表記法

これまで統計データという言葉を明確に定義することなく，用語として使用してきました。ここでは，統計データや変数，観測値という用語の定義と表記法（記号を用いた書き方）を学びます。

(1) 変数，観測値

個人に対する社会調査を実施して，統計データを取得した状況を考えます。データ②年齢の例では，個人の年齢を尋ねたことを想定しています。調査は n 人に対して実施し，n 人分の統計データが得られています。表2-3に統計データと表記の例を示します。このとき，年齢という調査項目を変数（あるいは変量）と呼び，調査により得られた個人の年齢の値を観測値と呼びます。

変数は同じ性質をもつ項目を指すのに対して，観測値は値そのものです。変数である年齢を x と表記すると，n 個の観測値は何番目の観測値であるのかを示す下添え数字（または下添え記号 i や n）を付けて，x_1, x_2, x_3, ..., x_i, ..., x_n と表すことになります。こうすれば，観測値は数値ではなく記号としても表現できるようになります。表2-3において，変数は年齢であり，世帯番号1の観測値は「24」です。これを記号で書くと，変数は「x」，個人番号1の観測値は「x_1」となります。また，観測値の集合（{ } を集合として表します）は，記号を用いて $\{x_1, x_2, ..., x_n\}$ や $\{x_i, i=1, 2, ..., n\}$ のように書くこともできます。

表2-3　統計データ「年齢」と表記の例

統計データ	個人番号	1	2	3	...	i	...	n
	年齢(歳)	24	37	19	...	45	...	57
表　記	i	1	2	3	...	i	...	n
	変数 x	x_1	x_2	x_3	...	x_i	...	x_n

x_i：年齢
i は個人番号を表す。
$i=1, 2, ..., n.$

(2) 統計データ

つぎに統計データを定義しましょう。統計データとは，情報を符号化したデータを総称するものであり，1つの観測値でも変数全体でも統計データと呼びます。統計データではなく，単にデータといった場合，質的あるいは量的な情報すべてを指します。たとえば，言葉や記号の羅列など，それだけでは意味がまったく理解できないものもデータと呼びます。

本書では，統計データを質的あるいは量的な情報を符号化したものと定義します。ここでいう符号化したものとは，たとえば**データ③レストランでの満足度**のように，満足の度合いを「満足」「やや満足」などの任意に定めた言葉で置き換えたものを指すと考えてください。満足の度合いとは，人の感覚に基づいているため，さまざまな表現があります。符号化では，それらの表現をあらかじめ定めた区分（「満足」「やや満足」など）のどれかに分類します。この符号化により，表現としては無数に分かれているデータを同じ区分として集計できるようになります。

また，記号が何を表しているのかについて，「x_i：年齢，i は個人番号を表す」と記述します。これにより，変数 x で年齢を表し，下添え数字は個人番号を表していることがわかります。

例題 2-2　時系列データ

時間を固定した統計データを横断面データ（cross-sectional data）と呼び，観測対象（たとえば個人）を固定して時間を経るごとに観測したような統計データを時系列データ（time-series data）と呼びます。クイズ 2 に示した統計データでは，**データ⑥脈拍**や**データ⑧気温**が時系列データに該当します。**データ⑥脈拍**は，ある人物を固定して，その脈拍を 1 日 2 回計測した統計データです。一方，**データ⑧気温**は，東京という観測地点を固定して，日最低気温の平均値を月次に表示した統計データです（表 2-4 参照）。

時系列データの場合には，表記法として，下添え記号 i のかわりに t を用いることがあります。この下添え記号の t は time の意味で用いています。ここでも，以下のように記号に関する整理を行います。時系列データの場合，起点（$t=1$）を明記しておくとよいでしょう。

表 2-4　時系列データ「東京の日最低気温の平均値」と表記の例

x_t：東京の日最低気温の平均値
t は年月を表す。
$t=1$ は 2023 年 1 月

統計データ	年　月	2023 年 1 月	2023 年 2 月	2023 年 3 月	…	t	…
	気　温	1.8	3.0	8.6	…	26.1	…
表　記	t	1	2	3	…	t	…
	変数 x	x_1	x_2	x_3	…	x_t	…

例題 2-3

多変数データ

1 変数のみの統計データを 1 変数データと呼び，2 変数以上の変数から成る統計データを多変数データと呼びます。多変数データは複数の変数を並べて表現します。表 2-5 に示す多変数データの例は**性別**，**年齢**，**年間収入**という 3 変数の統計データです。表 2-5 から，個人番号 1 の人は，**性別**男性；**年齢** 24 歳；**年間収入** 250 万円であることがわかります。

記号では，性別を「x」，年齢を「y」，年間収入を「z」で表しています。ただし，変数の数が多くなりますと，使用する記号が足りなくなってしまいます。そこで，表記として x_{ij}, $i=1, 2, …, n$, $j=1, 2, 3$ を用いて，縦方向に統計データを表現することもできます（表 2-6 参照）。また，この統計データは，時間を固定した 1 時点の統計データですので，時系列データではなく横断面データに該当します。

x_i：性別
y_i：年齢
z_i：年間収入
i は個人番号を表す。
$i=1, 2, …, n.$

表 2-5　多変数データ「性別，年齢，年間収入」と表記（横）の例

統計データ	個人番号	1	2	3	…	i	…	n
	性別	男性	男性	女性	…	男性	…	女性
	年齢（歳）	24	37	19	…	45	…	57
	年間収入(万円)	250	680	140	…	880	…	640
表　記	i	1	2	3	…	i	…	n
	変数 x	x_1	x_2	x_3	…	x_i	…	x_n
	変数 y	y_1	y_2	y_3	…	y_i	…	y_n
	変数 z	z_1	z_2	z_3	…	z_i	…	z_n

表 2-6　多変数データ「性別，年齢，年間収入」と表記（縦）の例

個人番号	性別	年齢(歳)	年間収入(万円)	i	変数 x_1	変数 x_2	変数 x_3
1	男性	24	250	1	x_{11}	x_{12}	x_{13}
2	男性	37	680	2	x_{21}	x_{22}	x_{23}
3	女性	19	140	3	x_{31}	x_{32}	x_{33}
:	:	:	:	:	:	:	:
i	男性	45	880	i	x_{i1}	x_{i2}	x_{i3}
:	:	:	:	:	:	:	:
n	女性	57	640	n	x_{n1}	x_{n2}	x_{n3}

x_{ij}
i は個人番号。$i=1, 2, …, n.$
j は項目。$j=1, 2, 3.$
1：性別，2：年齢，
3：年間収入

問題 2-2

プロ野球パシフィックリーグ公式戦順位

(1) 表2-7に示した変数は，順位，チーム，試合数，勝利，敗北，引分，勝率の7つです。勝率は何の尺度に分類されますか。

(2) 表2-8の空欄に，表2-7の公式戦成績の順位を記入して表を完成してください。なお，1998年の公式戦順位は表2-8に記入してあります。

(3) 表2-8として作成した多変数データは時系列データですか，それとも横断面データですか？

（解答は p.146）

表2-7 2018年パシフィックリーグ公式戦成績

順位	チーム	試合数	勝利	敗北	引分	勝率
1	西武	143	88	53	2	0.624
2	ソフトバンク	143	82	60	1	0.577
3	日本ハム	143	74	66	3	0.529
4	オリックス	143	65	73	5	0.471
5	ロッテ	143	59	81	3	0.421
6	楽天	143	58	82	3	0.414

資料：日本野球機構サイト（http://npb.jp/）

表2-8 パシフィックリーグ公式戦順位（1998年，2018年）

チーム i	順位 x	
	1998年 x_1	2018年 x_2
西武	1	
日本ハム	2	
オリックス	3	
ソフトバンク （2004年度ダイエーから球団株式を取得）	4	
近鉄 （2004年度オリックスと合併）	5	
ロッテ	6	
楽天 （2005年度創設）	—	

注1：チーム名は2018年度におけるチーム名である。
注2：存在しないチームの結果は「—」で表す。
資料：日本野球機構サイト（http://npb.jp/）など

無回答という統計データ

　問題 2-2 では，すべての統計データが得られていません。その理由は，近鉄は 2018 年の順位，楽天は 1998 年の順位が存在しないからです。このような部分を含む統計データを不完全データといいます。また，社会調査を行った際に，すべての人からすべての質問に関して回答が得られることはほとんどの場合ありません。たとえば，年齢を記入しても年間収入に答えない場合や，調査への参加を拒否する場合などが考えられます。このような無回答を含むデータも不完全データです。無回答と統計データの「0」は意味がまったく異なるため，無回答に関しては他の符号を付けて区別する必要があります。問題 2-2 の解答では，データが存在しない箇所を「—」で表現しています。

講 義 の ま と め

❶ 統計データは情報を符号化したデータであり，質的データ（名義尺度，順序尺度）と量的データ（間隔尺度，比例尺度）に分けることができます。

❷ 質的データとして言葉で表現されるデータもあります。このため，統計データは数値だけとは限りません。

❸ 質的データと量的データの違いを明確に理解しておくことは統計学を理解するうえでたいへん重要です。なぜなら，質的データと量的データでは，その取り扱いが大きく異なるからです。この取り扱いの違いについては，第 3 章以降で学びます。

❹ 統計学の学習のためには，記号の表記に慣れることが必要です。記号に慣れないうちは，記号（変数や下添え記号など）が何を表しているのかを記述しておきましょう。

第3章 統計データの集計

この章で学ぶこと

● 統計データの集計方法を習得します。

● 統計データの集計に基づき統計表を作成します。

● 統計表を観察することにより，統計データを集約した情報が得られます。

「統計」と言った場合，表に示された数値をイメージする人も多いと思います。この章では，統計データの集計に基づいた統計表の作成について説明します。まずは第2章で学んだことを踏まえて，下のクイズに挑戦してください。

クイズ ●3　ふさわしいタイトルをつけよう

　下表は，社会調査から得られた統計データに基づいて二人以上の世帯を集計した統計表です。この統計表の題（タイトル）として最も適切なものを1つ選択してください。

二人以上世帯 世帯主の年齢階級	総数	世帯年間収入階級						
		200万円 未満	200〜 400万円 未満	400〜 600万円 未満	600〜 800万円 未満	800〜 1,000万円 未満	1,000〜 1,500万円 未満	1,500万円 以上
総　数	532	19	109	140	107	69	66	22
30歳未満	17	1	7	6	2	1	0	0
30〜39歳	80	2	14	31	21	8	4	1
40〜49歳	109	2	10	24	31	21	18	4
50〜59歳	132	3	13	23	27	25	30	11
60〜69歳	119	6	36	33	19	10	10	5
70歳以上	74	5	30	22	8	4	4	2

この統計表の題として
適切なものは？
解答は33ページ。

> A　二人以上世帯の経済状況について
>
> B　世帯主の年齢と年間収入との関係
>
> C　二人以上世帯の経済状況別世帯数
>
> D　二人以上世帯　世帯主の年齢階級，世帯年間収入階級別世帯数

質的データの集計

　はじめに，質的データに関する集計方法について学びます。実際の集計ではコンピュータを使用することが多いのですが，集計の基本的な考え方を学ぶために単純な方法で実習してみましょう。

　表 3-1 に示す統計データを集計して統計表を作成します。表 3-1 に示す統計データは，単身勤労者世帯における世帯主（単身世帯＝世帯主のみの世帯）の性別と年間収入を示したものです。この統計データは 30 歳未満の勤労者に限定したものであり，年間収入は符号に置き換えています。符号とは，統計データを簡単な数値等に置き換えたものであり，統計データの表現ではよく用いられる表記方法です。たとえば，番号 1 の男性は年間収入が 200 万円未満ですが，その文字（200 万円未満）を表示するかわりに符号 1 で表現しています。表 3-1 の統計データにおいて，性別は名義尺度，年間収入は順序尺度です。

表 3-1　単身勤労者世帯（30 歳未満）における性別と年間収入の統計データ

番号	性別	年間収入	番号	性別	年間収入	番号	性別	年間収入
1	男性	1	13	女性	4	25	男性	2
2	男性	4	14	男性	5	26	男性	3
3	女性	2	15	男性	2	27	男性	2
4	男性	2	16	女性	2	28	男性	2
5	男性	3	17	女性	1	29	男性	4
6	男性	4	18	女性	2	30	女性	2
7	男性	5	19	女性	1	31	男性	3
8	男性	3	20	男性	3	32	女性	3
9	男性	3	21	女性	3	33	男性	4
10	女性	2	22	男性	4	34	男性	3
11	女性	1	23	男性	3	35	男性	1
12	男性	4	24	女性	3	36	女性	4

年間収入の符号
1：200 万円未満
2：200〜300 万円未満
3：300〜400 万円未満
4：400〜500 万円未満
5：500〜600 万円未満
6：600 万円以上
※符号とは統計データを簡単な数値等に置き換えたもの

(1) 観測値の集計

　まず，1 変数（性別）の統計データを集計します。番号 1 から順に観測値が「男性」ならば男性の欄に，「女性」ならば女性の欄に，「正」の字を一画ずつ書きながら観測値を数えていきます。この観測値の個数を度数，または頻度と言います。基となる統計データの番号をチェックしてから観測値を数えるようにすると，集計上の間違いがなくなります。

観測値の集計（番号5までの集計）

	度数
男性	正
女性	一

個人番号	性別	年間収入
1	男性	1
2	男性	4
3	女性	2
4	男性	2
5	男性	3
6	男性	4
7	男性	5
8	男性	3
9	男性	3

上の集計表に正の字を一画書きこむたび，右の表にチェックを入れていきます。

観測値の集計（番号36までの集計）

	度数
男性	正正正正下
女性	正正下

表 3-1 の統計データを番号 36 まですべて数えると，男性が 23 人で，女性が 13 人であることがわかります。

（2）統計表の作成

観測値の個数を数えた結果を数値に変換して統計表にあらわすと，左の表のようになります。このとき，男女の合計として総数を計算し，統計表の欄に加えます。ここでは，総数と記述しましたが，合計や全体などと記述することもあります。

統計表の作成

	度数
男性	23
女性	13
総数	36

例題 3-1

2 変数データの集計

表 3-1 の統計データを用いて，2 つの変数（性別，年間収入）の集計を行います。このとき，性別と年間収入の 2 変数の値を考慮して，観測値の個数を数えます。たとえば，番号 1 は，男性で年間収入が符号 1 です。そこで，この観測値は「男性」で「200 万円未満」の区分に該当することになります。表 3-2 に，番号 12 番までの観測値の個数を数えた結果を示します。

表 3-2　観測値の集計（番号 12 まで）

	1 200 万円 未満	2 200〜300 万円未満	3 300〜400 万円未満	4 400〜500 万円未満	5 500〜600 万円未満	6 600 万円 以上
男性	一	一	下	下	一	
女性	一	丁				

問題 3-1　統計表の作成と尺度分類

(1) 例題 3-1 では，表 3-1 の統計データを番号 12 まで集計した結果（統計表作成の途中経過）を説明しています。ここでは，表 3-1 の統計データすべてに基づいて統計表を作成してください。すなわち，番号 36 までの集計を表 3-3 において行い，その結果を数値に変換して表 3-4 に記入してください。また，度数の計である総数も計算して，統計表に記入してください。

(2) 統計表において表現される度数は 4 つの尺度のうち，どの尺度に分類されることになりますか（4 つの尺度については第 2 章を参照）。

（解答は p. 147）

表 3-3　観測値の集計（番号 36 まで）

	1 200 万円 未満	2 200～300 万円未満	3 300～400 万円未満	4 400～500 万円未満	5 500～600 万円未満	6 600 万円 以上
男性						
女性						

表 3-4　単身勤労者世帯（30 歳未満）男女，年間収入階級別世帯数

男女	総数	年間収入階級					
		200 万円 未満	200～300 万円未満	300～400 万円未満	400～500 万円未満	500～600 万円未満	600 万円 以上
総　数							
男性							
女性							

クイズ 3 の解答　▶ D

二人以上世帯　世帯主の年齢階級，世帯年収階級別世帯数

　この統計表は，二人以上世帯における 2 つの変数（世帯主の年齢，世帯年間収入）に関する統計データを集計したものです。また，統計表で示されている数値は世帯の数を表しています。「世帯の経済状況」という表現では，どのような経済状況について示したものであるのか，詳しくはわかりません。したがって，2 つの変数の名称を含めて，かつ世帯数を表した統計表であることを説明している表題「世帯主の年齢階級，世帯年収階級別世帯数」が最も適切であると考えられます。

統計表の各部分の名称と意味

Point

☐ 統計データの集計結果を表す統計表は，一般的に，表題，表側頭，表頭，表側，
表体，注，資料から構成されている。

統計表の各部分の名称を図3-1に，統計表の実例を図3-2（次ページ）に
示します。

①表　題	
②表側頭	③表　頭
③表側	セル　　④表　体

⑤**注**（または注釈）
⑥**資料**（または，出所，出典，資料出所など）

図3-1　統計表の各部分の名称

①**表題**　統計表の内容がわかるように，集計した変数と表現した数値の名
称を含めて記述します。図3-2における統計表の実例では，変数名（居住
世帯の有無）を表題に含め，住宅数を表現していることが，表題の「居住
世帯の有無別住宅数，割合―全国，東京都（2018年）」から理解できます。

②**表側頭**　集計する対象や表側の変数名を記述します。図3-2では，居住
世帯の有無が表側の変数であることがわかります。

③**表頭，表側**　変数名と区分について列挙して，度数の意味を示します。

④**表体，セル**　表体は，表頭，表側に対応する度数を表現する部分で，個々
の度数はセルに記述します。表頭，表側の区分に対応するセルの度数を
観察することで，統計データを集約した情報を得ることができます。た
とえば図3-2から，居住世帯のない住宅数は，全国で879万1,100，その
うち空き家は848万8,600であることがわかります。

⑤**注**　統計表に関する補足説明を記述します。図3-2の注では，「一時現在
者のみの住宅とは，ふだん居住する者が一人もいない住宅であること」を
説明しています。

⑥**資料**　統計データの基となった調査名や作成機関を示し，統計データの
出所を明らかにします。報告書や書籍等に発表された統計表から加工し
た場合などは「資料」ではなく「出典」や「出所」と記述することもあり
ます。

居住世帯の有無別住宅数，割合―全国，東京都（2018年）

居住世帯の有無（5区分）	全国		うち 東京都	
総　数	62,407,400	100.0%	7,671,600	100.0%
居住世帯あり	53,616,300	85.9%	6,805,500	88.7%
同居世帯なし	53,330,100	85.5%	6,762,600	88.2%
同居世帯あり	286,200	0.5%	42,900	0.6%
居住世帯なし	8,791,100	14.1%	866,100	11.3%
一時現在者のみ	216,700	0.3%	47,200	0.6%
空き家	8,488,600	13.6%	809,900	10.6%
建築中	85,800	0.1%	9,100	0.1%

注：一時現在者のみの住宅とは，昼間だけ使用しているとか，何人かの人が交代で寝泊まりして
　いるなど，そこにふだん居住している者が一人もいない住宅のことをいう。
資料：住宅・土地統計（総務省）

図3-2　統計表の実例

量的データの集計

　量的データの集計は，質的データの集計に1つの過程が加わります。それは，統計データにおける区分（階級）の決定です。量的データの集計は，この過程をはじめに加える以外は質的データの集計と同様に実施します。

(1) 区分の決定

　量的データは，質的データに比べて，観測値のとる値が細分化しています。たとえば，個人の年齢は量的データ（比例尺度）ですが，0歳から100歳以上まで1歳刻みの区分を作成すると100以上の各歳の区分を作成しなければなりません。しかし，このような区分を作成しても，統計データの大きさが100未満であれば，度数が0のセルばかりになってしまいます。そこで，5歳階級や10歳階級の区分に基づいて集計を行うことが一般的です。たとえば，10歳階級の場合は，20～29歳，30～39歳のような区分になります。

(2) 幹葉表示（stem-and-leaf plot）

　年齢のように，5歳階級や10歳階級などと区分を決定しやすい変数ではない場合，その分布状況を把握しなければなりません。分布を表現する1つの方法として幹葉表示（幹葉図）があります。幹葉表示は，統計データの数値としての情報をすべて含み，分布状態も把握することができます。

例題 **3-2**　脈拍の幹葉表示

　幹葉表示は，観測値の並べ替えと表現の簡素化により作成することができます。図 3-3 に作成手順を示します。図 3-3 に示す例では，脈拍を 10 の位と 1 の位に分けて，それぞれで並べ替えを実施します。そして，並べ替えた数値を幹と葉のように表現します。

　さて，この幹葉表示（図 3-3）からどのようなことがわかるでしょうか。まず，70 台や 80 台の脈拍の多いことがわかります。また，幹葉表示で表現した値をよく見ると，64，68，72，76，…のように，4 の倍数であることがわかります。このことから，脈拍を 15 秒間計測し，4 をかけて 1 分間当たりの脈拍を算出したのではないかと類推することができます。このように，幹葉表示は観測値が得られた背景についても理解することができる優れた表現方法です。

脈拍（脈拍数/分）の統計データ

76	88	92	84	80	84	72	72	64
72	68	76	92	80	76	88	64	76

❶10 の位の数値別に並べる。

90 台	92 92
80 台	88 84 80 84 80 88
70 台	76 72 72 72 76 76 76
60 台	64 68 64

10 の位の数ごとに並べます。このときもデータにチェック印をつけると間違いが防げますよ。

❷10 の位の数値を縦線の左（幹）に，1 の位の数値を縦線の右（葉）に記述する。

幹	葉
9	2 2
8	8 4 0 4 0 8
7	6 2 2 2 6 6 6
6	4 8 4

たとえば 92 ならば，幹が 9，葉は 2 です。

❸1 の位の数値を並べ替える。幹から葉の先端へ小さい数値から順に記述する。

10 の位	1 の位
9	2 2
8	0 0 4 4 8 8
7	2 2 2 6 6 6 6
6	4 4 8

幹葉表示の完成！

図 3-3　幹葉表示の作成手順

問題 3-2 　　**男女別年齢**

(1) インターネットの Web 上で，ある商品に関する調査を実施しました。この Web での調査はメールアドレスと回答を送信するもので無記名の調査です。調査結果の一部である年齢に関して，男性と女性の2つの葉による幹葉表示を作成してください。幹を 10 の位にして，女性は右側の葉の部分に，男性は左側の葉の部分に1の位を表現してください。この統計データは年齢順に並べられていますので，そのまま観測値を図 3-4 に記入することができます。

(2) 作成した幹葉表示からどのようなことがわかりますか？　特徴的な状況をあげてください。

（解答は p.147）

番号	性別	年齢	番号	性別	年齢
1	男	17	23	男	36
2	男	19	24	男	37
3	女	19	25	女	37
4	女	19	26	女	38
5	男	20	27	男	39
6	男	21	28	女	39
7	女	22	29	男	43
8	女	24	30	女	43
9	男	25	31	男	44
10	男	26	32	女	44
11	女	26	33	女	46
12	男	28	34	女	46
13	女	28	35	男	47
14	女	28	36	男	48
15	女	29	37	女	48
16	女	29	38	男	50
17	女	29	39	女	53
18	女	29	40	男	55
19	男	31	41	女	57
20	男	32	42	男	59
21	男	34	43	男	63
22	女	35	44	男	65

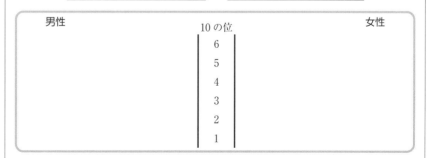

図 3-4　男女別年齢に関する幹葉表示

集計する統計データが量的データの場合

区分（階級）の決定

例：年齢（比例尺度）を10歳階級にする。

年齢を10歳階級にしよう

集　計

該当セルにおいて観測値の個数を数える。

47歳は40歳代で1の位が7！

統計表の作成

集計結果を数値であらわし、合計の欄を加える。表題、表頭、表側、注、資料を記述する。

完成！

確認テスト Q

単身世帯（20歳〜49歳）の年齢10歳階級（質的データ）と1か月当たりの移動電話通信料（量的データ）に関する統計データを幹葉表示で図3-5に表現します。また、この統計データを得た調査の名称を「単身家計消費実態調査」と想定します。この統計データを表3-5に集計してから、統計表として表3-6を作成してください。集計の際、1か月当たりの移動電話通信料（量的データ）の区分は集計作業用の表（表3-5）のとおりにしてください。

(解答は p.147)

20〜29歳					30〜39歳			40〜49歳				
1,000の位	100の位				1,000の位	100の位		1,000の位	100の位			
0	0	0			0	0	0	0	0	0	0	0
1	8				1	9		1	8			
2	5	8			2	1	4	7	2	5	8	
3	0	3	7		3	4	4	9	3	3	6	9
4	1	6	7	7	8	4	0	2	2	6	4	6	7	8
5	2	3	4	9	5	3	7	7	5	2	5	
6	1	1	7	8	6	4	6	9	6	1	7	
7	0	6	8	9	7	1	2		7			
8	0	2	6		8	5	6		8	6		
9	4	8	8		9	0	8		9			
10	2	5			10	0	5		10	3	8	
11	0	7			11				11			
12	4				12	7			12	0	6	
13	1				13	3			13			
14					14				14			
15	8				15	1			15			
16	6				16				16	7		
17					17				17			
18	5				18				18			
19					19	7			19	3		
20					20	6			20			
21	8				21				21			
22					22	2			22			

注1：移動電話とは、携帯電話、PHSの総称である。
注2：移動電話通信料0円は、移動電話を所有していない場合を含む。

図3-5　年齢10歳階級別移動電話通信料（円/月）の幹葉表示

表 3-5 集計作業用の表（観測値の集計）

年齢 10 歳階級	総数	移動電話通信料							
		2 千円未満	2 千円～4 千円未満	4 千円～6 千円未満	6 千円～8 千円未満	8 千円～1 万円未満	1 万円～1 万 5 千円未満	1 万 5 千円～2 万円未満	2 万円以上
総　数									
30 歳未満									
30～39 歳									
40～49 歳									

表 3-6

年齢 10 歳階級	総数	移動電話通信料							
		2 千円未満	2 千円～4 千円未満	4 千円～6 千円未満	6 千円～8 千円未満	8 千円～1 万円未満	1 万円～1 万 5 千円未満	1 万 5 千円～2 万円未満	2 万円以上
総　数									
20～29 歳									
30～39 歳									
40～49 歳									

注 1：
注 2：
資料：

column

統計データと集計データ

　統計データを集計して得られた度数を集計データと呼ぶことがあります。集計データは統計データを集約した情報となります。クイズ 3 では，532 世帯の統計データ（変数は，世帯主の年齢階級：6 区分と世帯年間収入階級：7 区分）を集計した統計表を示しました。統計データの大きさは 532 ですが，集計データの大きさはセルの数と同じく 42（＝6×7）となります。総数という合計欄を含めても大きさは 56（＝7×8）です。このように，集計を行うことによってデータの大きさは約 1/10 となり，年齢階級別の年収の状況について統計表から判断できるようになります。統計表を観察することは，統計データの観測値を 532 個すべて眺めるよりも，はるかに効率的です。

第4章 統計表のグラフ表現

この章で学ぶこと

● 統計表の度数を棒グラフやヒストグラムに表現します。

● 棒グラフを用いて，度数の大きさや構成比を観察します。

● ヒストグラムを用いて，統計データの分布状況を把握します。

● 棒グラフとヒストグラムとの違いを理解します。

表計算ソフトウェア（Microsoft Excel など）を用いると，グラフを簡単に作成できます。しかし，ソフトウェアはグラフ表現の注意点を指摘してくれるものではありません。この章では，統計表の度数を棒グラフやヒストグラムに表現する方法と注意点について学びます。

クイズ ●4 適切なグラフ表現を選ぼう

1990 年代後半以降，日本における若者の就業状況は大きく変化しました。若者の失業率が上昇するとともに，アルバイトや派遣社員などの非正規就業者の占める割合が大きくなりました。はたして，25〜34 歳の男性で正社員の職を得ている人はどのくらいの割合なのでしょうか。

東京都に居住する 25 歳から 34 歳の男性について，最終学歴別に現在の就業状況を知りたいものと想定します。このとき，グラフで表現したいのは，「正社員の職を得ている人はどのくらいの割合であるのか。また，その割合は最終学歴によって異なるのか」ということです。

2016 年に実施された「第 4 回 若者のワークスタイル調査」の調査結果を次ページの 2 つのグラフ A，B に表現しました。はたして，A と B のどちらのグラフがより適切な表現でしょうか？

第 4 回 若者のワークスタイル調査

2016 年 5 月，6 月に労働政策研究・研修機構により実施された「第 4 回 若者のワークスタイル調査」は，東京都の 25 歳から 34 歳の若者 8000 人を対象とした調査である。回収率は 37.4% であった。

次のページの A と B のどちらのグラフがより適切な表現でしょうか？
解答は 42 ページ。

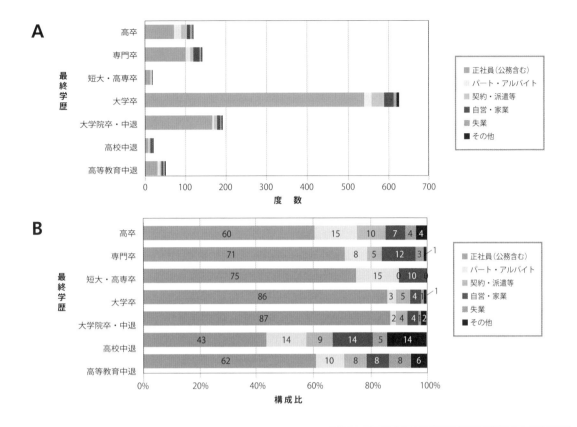

グラフの表現

Point

□ グラフには，題目や軸の名称と単位，凡例，統計データの出所などを記述する。

グラフを表現する際には，以下の項目を忘れずに記述しましょう。

(1) グラフの題目

　一般的に，表（table）の題目は表の上に，図（figure）の題目は図の下に記述します。グラフは図に含まれますので，グラフの下方に題目を記述します。

(2) 軸の名称と単位

　グラフの軸には変数名を記述します。クイズのグラフでは「最終学歴」という変数名を軸の名称として記述しています。また，量的データの場合，軸に単位を記述します。たとえば「構成比」をパーセントであらわす場合，単位が「％」であることがわかるように示します。

(3) 凡例

　グラフで表現している棒や領域，折れ線などが何を表現しているのかを記述します。これは凡例（はんれい）と呼ばれるもので，クイズのグラフでは，現在の就業状況を表す「正社員（公務を含む）」や「パート・アルバイト」などを記述した右側ボックス内の表現が凡例に該当します。

(4) 統計データの出所など

　統計表での記述（第3章）と同様に，統計データの出所や注による補足説明を記述します。

クイズ4の解答 ▶ B

　「正社員の職を得ている人はどのくらいの割合であるのか」という状況をわかりやすく表現しているグラフは，構成比を表現した B です。A のグラフでは，それぞれの最終学歴の区分における正社員の割合をすぐに理解することができません。これに対して，B のグラフでは，大学卒のうち 86％が正社員であることなどがわかります。

構成比グラフを観察する上での注意

Point
- [ ] 構成比を表す棒の面積に意味はない。
- [ ] 棒の長さのみを観察しよう。

(1) 構成比グラフからわからないこと

　クイズの解答により，それぞれの区分における割合を表現するのに適切なグラフは，構成比を示した B ということがわかりました。しかし，B のグラフではわからないことを A のグラフから理解することができます。それは最終学歴に関する区分の規模（人数）です。たとえば，A のグラフの横棒の長さを見ることにより「大学卒」がもっとも規模が大きく，つぎに「大学院卒・中退」，「専門卒」の順に含まれる人数の多いことがわかります。

(2) 構成比グラフの問題点

　B のグラフでは，それぞれが同じ長さの横棒を 100％として構成比を表現しています。このため，棒の面積に着目すると，グラフから間違った解釈をしてしまう可能性があります。A と B のグラフを見比べてみましょう。A

のグラフに比べて B のグラフではパート・アルバイトが多いように感じます。これは，人数の少ない区分である「高卒」や「短大・高専卒」においてパート・アルバイトの占める割合が比較的大きいことによります。最終学歴の区分はそれぞれ規模が異なっていますが，構成比のグラフでは見た目上は同じ規模のように扱われます。これが構成比のグラフを観察する上で注意しなければならない点です。構成比を表す棒グラフは，棒の面積ではなく，棒の長さのみが意味をもちます。

構成比グラフの改良

Point
□ 各区分の度数を表示する。例：$n = 121$

□ 統計データの出所や注による補足説明を記述する。

　　構成比のグラフを作成するときには，横棒それぞれの規模を表すために，各区分に属する度数を記述した方がよいでしょう。この点を踏まえて，クイズのグラフ B を改良したものを図 4-1 に示します。図 4-1 を観察すると，高卒が 121 人（$n = 121$ と記述しています），専門卒が 142 人であることなどがわかります。また，図 4-1 では，統計表の作成（第 3 章）において学んだことと同様に，統計データの出所と注による補足説明を加えています。この記述により，図のみを観察しても，表現している統計データの背景情報を知ることができます。

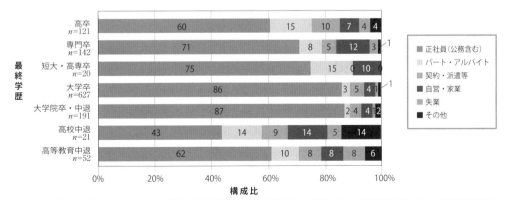

注：「第4回若者のワークスタイル調査」は2016年5月，6月に実施された調査である。調査は東京都の25〜34歳の若者8000人を対象とし，回収率は37.4%であった。
資料：第4回若者のワークスタイル調査（労働政策研究・研修機構「大都市の若者の就業行動と意識の分化 − 第4回若者のワークスタイル調査から − 」，労働政策研究報告書No.199 2017）

図 4-1　東京都居住の 25〜34 歳の男性　最終学歴別　現在の就業状況（2016 年，相対度数）

相対度数

Point

□ 第 k 区分の相対度数 ＝ 第 k 区分の度数 ÷ 総数

□ 相対度数は全体に対する相対的な度数を表す。

*f は frequency（頻度）

変数や関数など変化する数は x や f などのようにイタリック体で表記します。

　　クイズのグラフ B において表現した構成比は，総数を 100% として各区分における度数の占める割合をパーセントで表したものです。区分の構成比は，その区分の度数を総数で割ることによって計算します。たとえば，第 k 区分の度数を f_k，総数を n とおいた場合，第 k 区分の構成比は $\frac{f_k}{n}$ となります*。また，構成比は相対度数とも呼びます。相対度数は度数に「相対」という言葉が加わったものであり，他の区分との比較における度数という意味をもちます。相対度数の性質として，相対度数の和は 1 となります。

k	度数 f_k	相対度数 $\frac{f_k}{n}$
1　正社員（公務含む）	72	0.595
2　パート・アルバイト	18	0.149
3　契約・派遣等	12	0.099
4　自営・家業	9	0.074
5　失業	5	0.041
6　その他	5	0.041
合計	121	1.000

$n = 121$

column

モザイク図

　　モザイク図は領域の面積で度数を表現するグラフです。図 4-1 をモザイク図としたものは右図のようになります。モザイク図では，棒の幅がそれぞれの区分の規模によって定まるため，領域の大きい区分が度数の大きい区分であることを表しています。このため，モザイク図は構成比グラフの欠点を補ったグラフであると言えます。

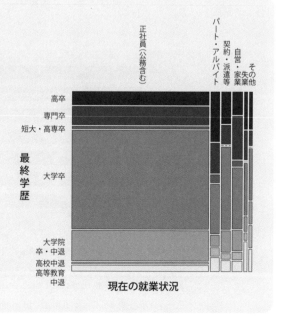

 **問題 4-1**

相対度数の計算

　東京都に居住する 25 歳から 34 歳の女性における最終学歴別の現在の就業状況を表 4-1 に示します。表 4-2 は，表 4-1 を基にして相対度数の計算を一部分実施したものです。この表 4-2 において計算していない空欄部分（「大学卒」と「高等教育中退」）の相対度数を計算して，統計表を完成させてください。相対度数の計算例は以下のとおりです。

（解答は p.148）

> **「高卒」「正社員（公務を含む）」の相対度数の計算**
> 　「高卒」の総数は 146 人（$n_1 = 146$），「高卒」で「正社員（公務を含む）」の度数は 45 人（$f_{11} = 45$）です。これから，相対度数は $f_{11} \div n_1 = 45 \div 146 = 0.3082$ と計算することができます。

表 4-1　東京都居住の 25〜34 歳の女性　最終学歴別　現在の就業状況（2016 年）

25〜34 歳の女性 最終学歴	総　数	現在の就業状況					
		正社員(公務含む)	パート・アルバイト	契約・派遣等	自営・家業	失業	その他
総　数	1420	871	236	186	61	36	30
高卒	146	45	52	26	8	7	8
専門卒	249	137	52	35	11	10	4
短大・高専卒	115	59	21	23	7	4	1
大学卒	768	564	78	88	25	5	10
大学院卒・中退	70	53	3	7	3	4	0
高校中退	25	4	13	4	3	1	0
高等教育中退	46	16	12	6	3	5	4

注：「第 4 回若者のワークスタイル調査」は 2016 年 5 月，6 月に実施された調査である。調査は東京都の 25〜34 歳の若者 8000 人を対象とし，回収率は 37.4% であった。
資料：第 4 回若者のワークスタイル調査（労働政策研究・研修機構「大都市の若者の就業行動と意識の分化—第 4 回若者のワークスタイル調査から—」，労働政策研究報告書 No.199 2017）

表 4-2　東京都居住の 25〜34 歳の女性　最終学歴別　現在の就業状況（2016 年，相対度数）

25〜34 歳の女性 最終学歴	総　数	現在の就業状況（相対度数）					
		正社員(公務含む)	パート・アルバイト	契約・派遣等	自営・家業	失業	その他
総　数	1420	0.613	0.166	0.131	0.043	0.025	0.021
高卒	146	0.308	0.356	0.178	0.055	0.048	0.055
専門卒	249	0.550	0.209	0.141	0.044	0.040	0.016
短大・高専卒	115	0.513	0.183	0.200	0.061	0.035	0.009
大学卒	768						
大学院卒・中退	70	0.757	0.043	0.100	0.043	0.057	0.000
高校中退	25	0.160	0.520	0.160	0.120	0.040	0.000
高等教育中退	46						

注：「第 4 回若者のワークスタイル調査」は 2016 年 5 月，6 月に実施された調査である。調査は東京都の 25〜34 歳の若者 8000 人を対象とし，回収率は 37.4% であった。
資料：第 4 回若者のワークスタイル調査（労働政策研究・研修機構「大都市の若者の就業行動と意識の分化—第 4 回若者のワークスタイル調査から—」，労働政策研究報告書 No.199 2017）

累積相対度数

(1) 累積度数と累積相対度数

表4-3の統計表は，度数を基にして累積度数や相対度数，累積相対度数を示したものです。累積度数とは，はじめの区分から該当区分までの度数を加え合わせた度数のことをいいます。また，累積相対度数は累積度数に関する相対度数です。表4-3を見ると，年間収入階級「400〜600万円未満」の累積相対度数が0.502であることから，年間収入が600万円未満の世帯が全体の約半分を占めていることがわかります。

(2) 累積度数が意味をもつ場合

累積度数や累積相対度数が意味を持つのは区分に順序がある場合のみです。このため，区分を形成する統計データが順序尺度，間隔尺度，比例尺度の場合に累積度数は意味をもちます。一方，区分の順序が意味をもたない名義尺度の累積度数を表現しても意味はありません。

表4-3　二人以上世帯 世帯年間収入階級別 世帯数

二人以上世帯 年間収入階級	度数	累積度数	相対度数	累積 相対度数
総　数	534			
200万円未満	19	19	0.036	0.036
200〜400万円未満	110	129	0.206	0.242
400〜600万円未満	139	268	0.260	0.502
600〜800万円未満	108	376	0.202	0.704
800〜1,000万円未満	69	445	0.129	0.833
1,000〜1,500万円未満	66	511	0.124	0.957
1,500万円以上	23	534	0.043	1.000

(3) 度数分布表

度数や相対度数などを示した表4-3のような統計表を度数分布表と呼びます。第3章で学んだ統計表はすべて度数分布表です。また，度数分布表以外の統計表については，つぎの第5章で紹介します。

統計表のグラフ化：度数分布

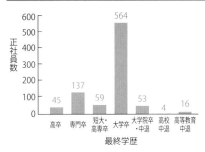

図 4-2　東京都居住の 25〜34 歳の女性 最終
学歴別 正社員数

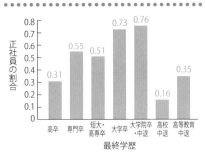

図 4-3　東京都居住の 25〜34 歳の女性 最終
学歴別 正社員の割合

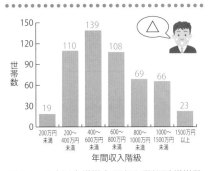

図 4-4　二人以上世帯 年間収入階級別 世帯数

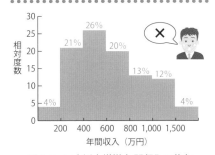

図 4-5　二人以上世帯 年間収入の分布

(1) 4 つの度数分布

　表 4-2 や表 4-3 の度数分布表を基にして作成した 4 種類の
グラフを図 4-2〜図 4-5 に示します（資料や注は省略します）。
これらのグラフを度数分布と呼びます。このうち，図 4-2 と
図 4-4 は表現が間違っているわけではありませんが，グラフ
からの印象により解釈を間違える可能性があります。また，
図 4-5 は表現を間違えたグラフです。このため，適切な表現
のグラフは図 4-3 のみです。

(2) 度数と構成比の表現

　まず，図 4-2 と図 4-3 を比較します。2 つのグラフは，最終
学歴別の正社員の状況について，図 4-2 では度数を，図 4-3 で
は相対度数を表現しています。クイズの解答で説明したよう
に，正社員の割合を観察する目的においては，図 4-3 の方が適
切な表現です。

(3) 棒グラフとヒストグラム

　つぎに，図 4-4 と図 4-5 の違いを観察します。2 つのグラフ
は種類が異なり，図 4-4 は棒グラフですが，図 4-5 はヒストグ
ラム（柱状図）と呼ばれるものです。グラフの横軸を見れば，
その違いを理解することができます。図 4-4 は年間収入階級
という順序尺度の区分で横軸を表現しているのに対して，図
4-5 では年間収入という比例尺度として連続的に横軸を表現
しています。図 4-4 を棒グラフとしてとらえるならば，表現
が間違っているとは言えません。ただし，分布を表すグラフ
としては適切ではありません。なぜなら，区分の間隔が統一
されておらず，200 万円間隔（200〜400 万円未満など）と 500
万円間隔（1,000〜1,500 万円未満）とが混在しているからで
す。500 万円間隔は 200 万円間隔の 2.5 倍ですから，同じ幅の
柱で表現するのは問題です。また，図 4-5 の表現は間違いで
す。図 4-5 の横軸に着目してください。1,000 万円までは 200
万円間隔ですが，1,000〜1,500 万円の間隔は 500 万円で，横
軸の間隔が統一されていません。それでは，図 4-5 のように
横軸が量的データの場合，どのようにグラフ（ヒストグラム）
を作成すればよいのでしょうか。

ヒストグラムは面積で度数を表現する

Point
　□ ヒストグラムにおける度数 ＝ 横軸の幅（間隔）× 柱の高さ（間隔当たりの度数）

　　　　ヒストグラムは棒グラフと異なり，面積で度数を表します。このため，柱の高さ（間隔当たりの度数）に加えて，横軸の幅（間隔）も考慮しなければなりません。この理由を以下の例によって説明します。

A：元の統計表に基づくグラフ

図で説明します。番号順に説明文を読んでください。

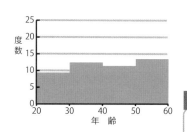

元の統計表	
年齢階級	度数
20～29 歳	9
30～39 歳	12
40～49 歳	11
50～59 歳	13
総　数	45

1
元の統計表における「30～39 歳」と「40～49 歳」の区分を併合して「30～49 歳」という区分を作成して統計表を変更しました。

B：一部の区分を併合した統計表に基づくグラフ

2
30 歳から 50 歳の間隔が 20 歳間隔となり，そのままグラフに表現すると，横軸の幅が統一しません。

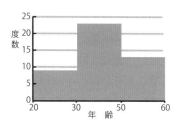

一部の区分を併合した統計表	
年齢階級	度数
20～29 歳	9
30～49 歳	23
50～59 歳	13
総　数	45

C：間隔を修正したグラフ

3
B のグラフにおいて横軸の幅を 10 歳間隔に修正しました。しかし，度数については変更していません。このため，グラフに基づいて度数を計算すると，総数が 45 から 68 になってしまいました。

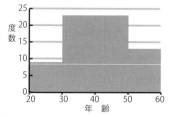

年齢階級	度数
20～29 歳	9
30～39 歳	23
40～49 歳	23
50～59 歳	13
総　数	68

D：10 歳間隔当たりの度数を表現したグラフ

4
「30～49 歳」の区分において度数を 2 で割り，10 歳間隔当たりの度数を計算しました。23÷2＝11.5
これにより，総数は元の統計表と一致しました。また，このグラフは「A：元の統計表に基づくグラフ」の分布状況に最もよく似ています。

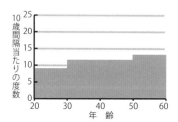

年齢階級	10 歳間隔 当たりの度数
20～29 歳	9
30～39 歳	11.5
40～49 歳	11.5
50～59 歳	13
総　数	45

ヒストグラムの作成

Point

□ 基準となる間隔を定めて，間隔当たりの度数を計算する。

　　例：10 歳間隔当たりの度数 ＝「20〜39 歳」の度数 ÷ 2

□ 上限や下限のない区分をオープンエンドの区分と呼ぶ。

　　例：「70 歳以上」の区分において上限はない。

(1) ヒストグラム作成の準備

　年間収入に関する度数分布表（表 4-3）を基にしてヒストグラムを作成しましょう。ヒストグラムは面積で度数を表現します。これが棒の長さで度数を表現する棒グラフと異なる点です。はじめに，年間収入階級それぞれの間隔を求めて，基準となる間隔を 100 万円と定めます。そして，求めた間隔と度数から 100 万円間隔当たりの度数を計算します。たとえば，「1,000〜1,500 万円未満」の度数は 66 であり，これを 5（5＝500 万円間隔÷100 万円間隔）で割ることにより，100 万円間隔当たりの度数 13.2（13.2＝66÷5）を計算することができます。また，「1,500 万円以上」の区分は，上限のないオープンエンドと呼ばれる区分です。表 4-4 では，1 つ前の区分（1,000〜1,500 万円未満）と同様に 5 で割った度数の計算をしています。表 4-4 における間隔を横軸の幅，100 万円間隔当たりの度数を縦軸の長さにしてヒストグラムを作成すると，柱の面積は度数を表すことになります。

表 4-4　二人以上世帯 世帯年間収入階級の間隔と 100 万円間隔当たりの度数

二人以上世帯 年間収入階級	度数	間隔 （100 万円）	100 万円間隔 当たりの度数
総　数	534		
200 万円未満	19	2	9.5
200〜400 万円未満	110	2	55.0
400〜600 万円未満	139	2	69.5
600〜800 万円未満	108	2	54.0
800〜1,000 万円未満	69	2	34.5
1,000〜1,500 万円未満	66	5	13.2
1,500 万円以上	23	(5)* オープンエンド	4.6

＊「1,500 万円以上」の 100 万円間隔当たりの度数は 5 で割った。

(2) ヒストグラムの表現

　図 4-6 は，表 4-4 の統計表に基づくヒストグラムです。グラフの縦軸の名称は，度数ではなく，100 万円間隔当たりの度数と記述します。また，オープンエンドの区分（1,500 万円以上）では，幅を 500 万円間隔として，上限がないことを表すために 100 万円間隔当たりの度数 4.6 よりも縦軸の長さ

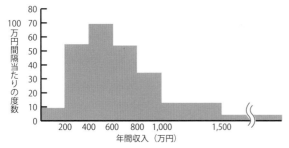

図 4-6　二人以上世帯 年間収入に関するヒストグラム

問題 4-2

ヒストグラムの作成

　第3章における確認テストで作成した統計表を用いて，携帯電話通信料に関するヒストグラムを作成します。このとき，1,000 円間隔当たりの度数を計算して，オープンエンドも考慮します。表 4-5 の空欄を埋めて，それを基にして図 4-7 にヒストグラムを作成してください。

（解答は p.148）

表 4-5　単身世帯（20〜49 歳）　移動電話通信料の間隔と 1,000 円間隔当たりの度数

単身世帯（20〜49 歳） 移動電話通信料	度数	間隔 （1,000 円）	1,000 円間隔 当たりの度数
総数	98		
2 千円未満	11	2	5.5
2 千円〜4 千円未満	16	2	8.0
4 千円〜6 千円未満	21	2	
6 千円〜8 千円未満	15	2	
8 千円〜1 万円未満	11	2	
1 万円〜1 万 5 千円未満	14	5	2.8
1 万 5 千円〜2 万円未満	7	5	
2 万円以上	3	(3)* オープンエンド	1.0

＊元の統計データの最大値は 2 万 2 千円程度（第 3 章確認テスト参照）であるため，「2 万円以上」の 2 千円間隔当たりの度数は 3 で割った。

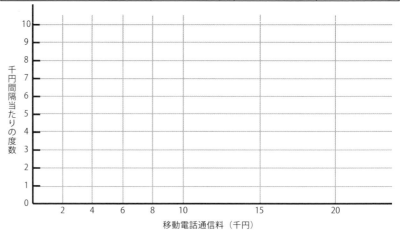

図 4-7　単身世帯(20〜49 歳) 移動電話通信料に関するヒストグラム

を短くします。そして，二重の波線で上限がないオープンエンドの区分であることを表現します。オープンエンドの区分を表すには，二重の波線のほかに，二重の直線や柱の上端を点線で表現する方法もあります。

棒グラフとヒストグラムのどちらを作成するか

データを分類したり整理したりする段階で，グラフを作成する時のことを考えておくとよさそうですね。

棒グラフとヒストグラムのどちらのグラフを作成するかは，横軸を表す統計データが何の尺度に分類されているのかによります。横軸を表す統計データが質的データの場合は棒グラフ，量的データの場合はヒストグラムを作成します。適切なグラフを作成するには，統計データの分類（第2章）を理解しておく必要があります。また，ヒストグラムを簡単に作成するには，統計表作成の際に区分（階級）の幅を統一した方がよいことがわかります。たとえば，問題4-2において，移動電話通信料の区分をすべて2千円間隔に統一すれば，間隔当たりの度数の計算は必要ありません。柱の幅が同一になるため，棒の間隔をなくして作成した棒グラフはヒストグラムとなります。

講義のまとめ

❶ 横軸を表す統計データが質的データの場合は棒グラフ，量的データの場合はヒストグラムを作成します。

❷ 棒グラフは棒の長さ，ヒストグラムは柱の面積が意味を持ちます。

❸ 構成比を表現した棒グラフを観察するときには，区分の規模を考慮しなければなりません。

❹ ヒストグラムを作成するときには，横軸の間隔当たりの度数を計算して，横軸の幅に注意してグラフを作成しなければなりません。

確認テスト

グラフには，棒の高さ（長さ）で度数を表現するグラフと領域の大きさで度数を表現するグラフがあります。棒グラフは棒の高さ（長さ）で度数を表現するグラフであり，ヒストグラムは領域の大きさで度数を表現するグラフです。この章で説明したグラフとして，構成比グラフとモザイク図がありますが，それぞれどちらに該当するでしょうか。 （解答はp.149）

　　A　**構成比グラフ**　　度数を［棒の高さ（長さ）で表現 or 領域の大きさで表現］
　　B　**モザイク図**　　度数を［棒の高さ（長さ）で表現 or 領域の大きさで表現］

第5章 中心の位置の統計量

この章で学ぶこと

● 統計データの中心の位置を表す統計量について学びます。

● 中心の位置の統計量として平均値と中央値があります。

● 平均値と中央値の性質を理解します。

第4章では，統計データの分布状況を確認するためにヒストグラムを作成しました。この章では，もっと簡単に統計データの状況を表現するために，分布の中心の位置を示す統計量について学びます。

クイズ ●5　ヒストグラムの中心の位置を考えよう

第4章の問題4-2では，移動電話通信料の統計データについてヒストグラムを作成しました。いま，ヒストグラム上に3つの位置 A, B, C を示します。中心の位置を示す値として適切な値は，A, B, C のうちどれでしょうか。それぞれの値の性質を読んでから判断してください。

A：最も多くの人が含まれる区分を分布の山とすると，山の中心に位置する値（5,000円）

B：統計データ全体の真ん中に位置する値で，累積相対度数が 0.50 となる値（6,100円）

C：ヒストグラムにおける柱を重りに想定すると，バランスがとれる支点の値（7,200円）

自分なりの意見で答えてみてください。解答は54ページ。

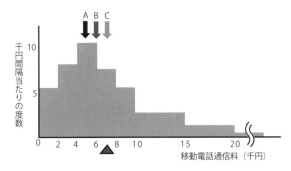

単身世帯（20〜49歳）移動電話通信料	度数	相対度数	累積相対度数
総　数	98		
2千円未満	11	0.11	0.11
2千円〜4千円未満	16	0.16	0.28
4千円〜6千円未満	21	0.21	0.49
6千円〜8千円未満	15	0.15	0.64
8千円〜1万円未満	11	0.11	0.76
1万円〜1万5千円未満	14	0.14	0.90
1万5千円〜2万円未満	7	0.07	0.97
2万円以上	3	0.03	1.00

平均値と中央値の定義

Point

☐ 平均値は統計データの総和を総数で割った値である。

☐ 中央値は統計データの真ん中に位置する観測値（統計データの総数が奇数のとき）である。

☐ 平均値や中央値は，観測値のなかに存在しない場合がある。

(1) 平均値の定義

平均値は，統計データの総和を総数で割る計算によって求めます。表5-1の統計データは，移動電話通信料の統計データ（20〜29歳）から無作為に8つの観測値を抽出したものです。表5-1の統計データを利用して平均値の計算を実施します。

平均値は$\bar{x}$のように，変数の上に横棒をつけて表現します。これを変数の記号（エックス）とあわせて，**エックスバー**と呼びます。また，変数の記号がyのときは$\bar{y}$と表現して，**ワイバー**と呼びます。

表5-1　無作為抽出した移動電話通信料の統計データ

i	1	2	3	4	5	6	7	8
変数 x	x_1	x_2	x_3	x_4	x_5	x_6	x_7	x_8
移動電話通信料（千円）	5.2	4.1	8.0	3.0	15.8	10.2	3.7	4.8

◆平均値の計算

$$\bar{x}=\frac{1}{n}(x_1+x_2+\cdots+x_n)$$

$$\bar{x}=\frac{1}{8}(5.2+4.1+\cdots+4.8)$$
$$=\frac{1}{8}\times54.8$$
$$=6.85$$

表5-1の数値を使った計算はこうなります。

平均値は，6.85（6,850円）となりました。また，統計データの総和は，$(x_1+x_2+\cdots+x_n)$と表現しましたが，一般的には，記号$\sum$（シグマ）を用いて，つぎのように表現します。

$$\sum_{i=1}^{n}x_i=(x_1+x_2+\cdots+x_n)$$

この記号$\sum$を用いて平均値$\bar{x}$は，

$$\bar{x}=\frac{1}{n}(x_1+x_2+\cdots+x_n)=\frac{1}{n}\sum_{i=1}^{n}x_i$$

と表すことができます。$\sum_{i=1}^{n}x_i$の記号は，変数xの1番目の観測値からn番目

$\sum$（シグマ）は総和という意味なんですね！
そういえばエクセルでセルの合計を求めるときのアイコンは$\sum$ですものね。

の観測値までの和という意味です。このとき，$\sum_i x_i$や$\sum x_i$のように記述を省略して表現することもあります。

(2) 中央値（median）の定義

中央値は，統計データを大きさの順に並べて，ちょうど真ん中の位置の値です。統計データの総数が奇数のときは，真ん中に位置する観測値が中央値です。一方，統計データの総数が偶数のときは，ちょうど真ん中の位置となる観測値を定めることができないため，真ん中をはさむ2つの観測値の中点（平均値）を中央値とします。

中央値は Me と表現します。表5-2では，表5-1における統計データを小さい値から順に並べて，$x_{(1)}$, $x_{(2)}$, ..., $x_{(n)}$と，下添え字に括弧を付けて (i) で表現しました。$x_{(i)} \neq x_i$ですので，注意してください。

表5-2　無作為抽出した移動電話通信料の統計データ（並べ替え後）

i	1	2	3	4	5	6	7	8
変数 x	$x_{(1)}$	$x_{(2)}$	$x_{(3)}$	$x_{(4)}$	$x_{(5)}$	$x_{(6)}$	$x_{(7)}$	$x_{(8)}$
移動電話通信料（千円）	3.0	3.7	4.1	4.8	5.2	8.0	10.2	15.8

クイズ5の解答 ▶ A，B，C のどれでも正解

平均値が重心であることを知っている人は C を選択したかもしれませんが，A や B もそれぞれ中心としての意味をもっています。A は度数（頻度）が最も多い意味の最頻値，B は統計データの真ん中の値である中央値，C は平均値と呼ばれる統計量です。この章では，平均値（C）や中央値（B）の定義と性質について学びます。

column

統計量と統計値

平均値や中央値のように，統計データを要約して数式として表現したものを統計量と呼び，統計量の数式に実際の値を代入して計算した値を統計値と呼びます。第3章では，統計データを集計して統計表（度数分布表）を作成し，第4章では，その統計表を基にして，棒グラフやヒストグラムを作成しました。これらの表現は，統計データの分布状況を表現するための統計的方法です。この章では，表や図ではなく，1つの統計値で統計データの中心の位置を表現します。

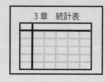

◆中央値の計算

n が奇数のとき，$Me=x_{\left(\frac{n+1}{2}\right)}$，$n$ が偶数のとき，$Me=\dfrac{x_{\left(\frac{n}{2}\right)}+x_{\left(\frac{n}{2}+1\right)}}{2}$

$n=8$（偶数）のため，$Me=\dfrac{x_{(4)}+x_{(5)}}{2}=\dfrac{4.8+5.2}{2}=5.0$

中央値は 5.0（5,000 円）となりました。図 5-1 に，8 つの観測値を無作為抽出した移動電話通信料の幹葉表示と平均値（6,850 円），中央値（5,000 円）の位置を表します。図 5-1 から，平均値は観測値の存在しない 6,000 円台に位置していることがわかります。平均値や中央値は統計データの中心の位置を示す統計量ですが，実際に計算した統計値が統計データの観測値のなかに存在しない場合があります。

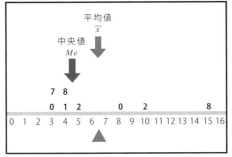

図 5-1　統計データと平均値、中央値

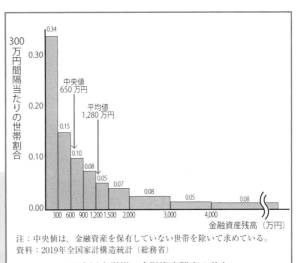

注：中央値は，金融資産を保有していない世帯を除いて求めている。
資料：2019年全国家計構造統計（総務省）

二人以上世帯　金融資産残高の分布

column

金融資産残高の平均値と中央値

2019 年全国家計構造統計（総務省）の集計データから，金融資産残高の世帯分布を表現します。金融資産残高の平均値は 1,280 万円，中央値は 650 万円です。中央値はちょうど真ん中の値ですので，金融資産を保有している世帯のうち 650 万円以下の世帯が総世帯の約半分を占めていることがわかります。一方，平均値 1,280 万円よりも低い貯蓄現在高をもつ世帯は金融資産を保有している世帯の 6 割を超えています。中央値に比べて平均値が高い値となるのは，高額の金融資産残高の世帯（分布では 4,000 万円以上の世帯：約 8％）が存在することに影響を受けているからです。

経済の統計データでは，高い値の観測値が存在するような，分布の右裾が長くなる場合があります。右裾の長い分布では，中央値よりも平均値は高い値となります。いま，分布状況をあわせて表現していますが，このように図とともに示さないときには，平均値と中央値を両方とも表現した方がよいでしょう。

平均値の性質 1：平均値からの偏差の和は 0

Point
- ☐ 平均値からの偏差の和は 0 になる。
- ☐ 中央値からの絶対偏差の和は最小となる。
- ☐ 数式の展開を統計データの値による表現と並記する。数式の展開に慣れよう。

(1) 偏差の和

　いま，平均値が得られていないと想定して，バランスのとれる支点を探索します。ある点 a をバランスのとれる支点として，それぞれの統計データ x_i と点 a との偏差 $x_i - a$ を求めます。統計データ x_i の数値を代入すると，$5.2 - a, 4.1 - a, \cdots, 4.8 - a$ となり，偏差の和は $54.8 - 8a$ となります。

$$\sum_{i=1}^{n}(x_i - a) = (x_1 - \underaccent{\sim}{a}) + (x_2 - \underaccent{\sim}{a}) + \cdots + (x_n - \underaccent{\sim}{a})$$
$$= (x_1 + x_2 \cdots + x_n) - (a + a \cdots + a)$$
$$= \sum_{i=1}^{n} x_i - na$$

> a は n 個

$$\sum_{i=1}^{n}(x_i - a) = (5.2 - a) + (4.1 - a) + \cdots + (4.8 - a)$$
$$= (5.2 + 4.1 \cdots + 4.8) - (a + a \cdots + a)$$
$$= 54.8 - 8a$$

> 表 5-1 の数値を使った計算はこうなります。

(2) a についての関数 $f(a)$

　偏差の和 $\sum_{i=1}^{n}(x_i - a)$ を 0 にする点 a を求めるとき，偏差の和を関数 $f(a) = \sum_{i=1}^{n}(x_i - a)$ として考えます。統計データ x_i は実際には数値ですので，未知数は a のみになり，$f(a)$ は a についての関数であることがわかります。

$$f(a) = \sum_{i=1}^{n}(x_i - a) = \sum_{i=1}^{n} x_i - na$$

　$f(a) = 0$ となるときの a を $\hat{a}$（＾はハットと呼びます）と表します。a は変化しますが，$f(a) = 0$ のときの a は固定されていますので，その値を $\hat{a}$ と考えますと，

$$\sum_{i=1}^{n} x_i - n\hat{a} = 0$$
$$n\hat{a} = \sum_{i=1}^{n} x_i$$
$$\hat{a} = \frac{1}{n}\sum_{i=1}^{n} x_i = \bar{x}$$

> むずかしそうに見えますが，基本は足し算と引き算なんですね。数式の意味が理解できればこわくない！

となり，$\hat{a}=\bar{x}$（読み方：エーハット　イコール　エックスバー）となります。つまり，偏差の和 $\sum_{i=1}^{n}(x_i-a)$ を 0 にする点 a は平均値となり，$\sum_{i=1}^{n}(x_i-\bar{x})=0$ が常に成り立ちます。このように，平均値とは，偏差の和を 0 にする値であるという性質をもちます。

$$54.8-8\hat{a}=0$$
$$8\hat{a}=54.8$$
$$\hat{a}=\frac{54.8}{8}=6.85$$

表 5-1 の数値を使った計算はこうなります。

(3) 偏差の和 $f(a)$ のグラフ

　偏差の和 $f(a)$ のグラフでも同様に，偏差の和を 0 にする値が平均値であることを理解できます。点 a を変化させたときの偏差 x_i-a と偏差の和 $f(a)$ について表 5-3 に示します。偏差の和 $f(a)$ の値は a によって異なります。これをグラフに表現した図 5-2 を観察すると，$f(a)=0$ となるのは a が 6.85 であることがわかります。6.85 は平均値です。

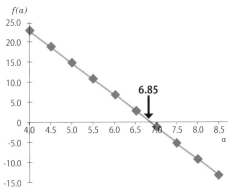

図 5-2　偏差の和 $f(a)$

表 5-3　点 a を変化させたときの偏差 x_i-a と偏差の和 $f(a)$

a	偏差 x_i-a								偏差の和 $f(a)$ $\sum(x_i-a)$
	$x_1=5.2$	$x_2=4.1$	$x_3=8.0$	$x_4=3.0$	$x_5=15.8$	$x_6=10.2$	$x_7=3.7$	$x_8=4.8$	
4.0	1.2	0.1	4.0	−1.0	11.8	6.2	−0.3	0.8	22.8
4.5	0.7	−0.4	3.5	−1.5	11.3	5.7	−0.8	0.3	18.8
5.0	0.2	−0.9	3.0	−2.0	10.8	5.2	−1.3	−0.2	14.8
5.5	−0.3	−1.4	2.5	−2.5	10.3	4.7	−1.8	−0.7	10.8
6.0	−0.8	−1.9	2.0	−3.0	9.8	4.2	−2.3	−1.2	6.8
6.5	−1.3	−2.4	1.5	−3.5	9.3	3.7	−2.8	−1.7	2.8
7.0	−1.8	−2.9	1.0	−4.0	8.8	3.2	−3.3	−2.2	−1.2
7.5	−2.3	−3.4	0.5	−4.5	8.3	2.7	−3.8	−2.7	−5.2
8.0	−2.8	−3.9	0.0	5.0	7.8	2.2	−4.3	−3.2	−9.2
8.5	−3.3	−4.4	−0.5	−5.5	7.3	1.7	−4.8	−3.7	−13.2

問題 5-1　点 a 別　絶対偏差とその和

　偏差の和 $\sum_{i=1}^{m}(x_i-a)$ を 0 にする点 a は平均値でした。それでは，偏差の絶対値をとった絶対偏差の和 $\sum_{i=1}^{m}|x_i-a|$ ではどのようになるでしょうか。絶対値であるため，$|x_i-a|$ はすべて非負の値（0 以上の値）をとります。このため，絶対偏差の和 $\sum_{i=1}^{m}|x_i-a|$ を関数 $g(a)$ とした場合，特別の場合を除いて $g(a)=0$ となる点は存在しません（すべての観測値が同じ値のときのみ $g(a)=0$ となります）。点 a と $g(a)$ との関係を表 5-4 に示します。表 5-4 を用いて図 5-3 にグラフを描き，関数 $g(a)$ が最小となるときの a の値を求めてください。

（解答は p.149）

表 5-4　点 a を変化させたときの絶対偏差 $|x_i-a|$ と絶対偏差の和 $g(a)$

a	絶対偏差 $|x_i-a|$								絶対偏差の和 $g(a)$
	$x_1=5.2$	$x_2=4.1$	$x_3=8.0$	$x_4=3.0$	$x_5=15.8$	$x_6=10.2$	$x_7=3.7$	$x_8=4.8$	$\Sigma|x_i-a|$
4.0	1.2	0.1	4.0	1.0	11.8	6.2	0.3	0.8	25.4
4.5	0.7	0.4	3.5	1.5	11.3	5.7	0.8	0.3	24.2
5.0	0.2	0.9	3.0	2.0	10.8	5.2	1.3	0.2	23.6
5.5	0.3	1.4	2.5	2.5	10.3	4.7	1.8	0.7	24.2
6.0	0.8	1.9	2.0	3.0	9.8	4.2	2.3	1.2	25.2
6.5	1.3	2.4	1.5	3.5	9.3	3.7	2.8	1.7	26.2
7.0	1.8	2.9	1.0	4.0	8.8	3.2	3.3	2.2	27.2
7.5	2.3	3.4	0.5	4.5	8.3	2.7	3.8	2.7	28.2
8.0	2.8	3.9	0.0	5.0	7.8	2.2	4.3	3.2	29.2
8.5	3.3	4.4	0.5	5.5	7.3	1.7	4.8	3.7	31.2

表 5-4 における a と $g(a)$ の値を，図 5-3 にプロット（移すこと）してグラフを完成させてください。
関数 $g(a)$ が最小となるときの a は何の値と等しくなりますか？　平均値ですか，それとも中央値ですか？

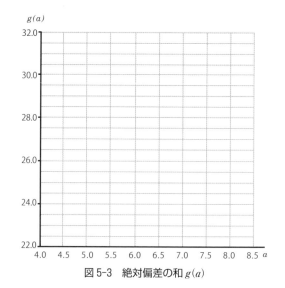

図 5-3　絶対偏差の和 $g(a)$

平均値の性質 2：仮の平均値

　平均値を計算する際，ある値からの偏差を用いて平均値を計算することがあります。たとえば，何人かの平均身長を計算するときには，身長をそのままの値で合計しないことがほとんどです。男性の身長の場合，170 cm からの偏差を算出して，その偏差の平均値を求めます。そして，偏差の平均値に 170 を足すことで平均身長を計算します。このように，仮の平均値を定める計算方法は，先に説明した偏差の和の計算と同様に数式で示すことができます。仮の平均値を b とおくと，平均値はつぎのようにあらわすことができます。

$$\bar{x} = \frac{1}{n}\sum_{i=1}^{n} x_i$$

仮の平均値からの偏差

$$= \frac{1}{n}\sum_{i=1}^{n}\{(x_i - b) + b\}$$

仮の平均値

$$= \frac{1}{n}\left[\{(x_1 - b) + b\} + \{(x_2 - b) + b\} + \cdots + \{(x_n - b) + b\}\right]$$

$$= \frac{1}{n}\{(x_1 - b) + (x_2 - b) + \cdots + (x_n - b) + (b + b + \cdots + b)\}$$

b は n 個

$$= \frac{1}{n}\{(x_1 - b) + (x_2 - b) + \cdots + (x_n - b)\} + \frac{1}{n}nb$$

$$= \frac{1}{n}\{(x_1 - b) + (x_2 - b) + \cdots + (x_n - b)\} + b$$

　仮の平均値からの偏差を $(x_i - b) = y_i$ とおくと，平均値の計算は
$\bar{x} = \frac{1}{n}\{(x_1 - b) + (x_2 - b) + \cdots + (x_n - b)\} + b = \frac{1}{n}\sum_{i=1}^{n} y_i + b = \bar{y} + b$ となります。

例題 5-1　仮の平均値を用いた平均脈拍数の計算

　脈拍数の統計データとして 5 つの観測値，68，84，76，72，72 が与えられたとします。このとき，仮の平均値を 70 とおくと，70 との偏差は，−2，14，6，2，2 となり，合計は 22 です。22÷5＝4.4 であるので，4.4＋70＝74.4 が脈拍数の平均値となります。

平均値の性質 3：各区分の平均値と全体の平均値

　統計データがいくつかの区分に分けられているとき，それぞれの総数と平均値がわかると，全体の平均値を求めることができます。説明を簡単に

するため，区分を2つにして，それぞれの区分における統計データを
$\{x_{11}, x_{12}, ..., x_{1n_1}\}$, $\{x_{21}, x_{22}, ..., x_{2n_2}\}$，総数を n_1, n_2 と表現します。それぞれの
区分の平均値 $\overline{x_1}$, $\overline{x_2}$ は，

$$\overline{x_1} = \frac{1}{n_1}\sum_{i=1}^{n_1}x_{1i}, \quad \overline{x_2} = \frac{1}{n_2}\sum_{i=1}^{n_2}x_{2i}$$

と表すことができます。ここでは，添え字（$1i$ と $2i$）をつけて，2組の統計
データに分けて記述しています。このとき，総数 n_1, n_2 を左辺へ移項します
と，つぎのように，（総数）×（平均値）＝（総和）の形式になります。

$$n_1\overline{x_1} = \sum_{i=1}^{n_1}x_{1i}, \quad n_2\overline{x_2} = \sum_{i=1}^{n_2}x_{2i}$$

いま，全体の総数を $n(n=n_1+n_2)$ とおきますと，全体の平均値は，

$$\overline{x} = \frac{1}{n}\left(\sum_{i=1}^{n_1}x_{1i} + \sum_{i=1}^{n_2}x_{2i}\right)$$

$$= \frac{1}{n_1+n_2}(n_1\overline{x_1} + n_2\overline{x_2})$$

$$= \frac{n_1}{n_1+n_2}\overline{x_1} + \frac{n_2}{n_1+n_2}\overline{x_2}$$

例題 5-2

男女別平均値と全体の平均値

30歳未満単身勤労者世帯の男女別年間収入の統計データを用いて，平均値の
計算を行います。この統計データは第3章で用いたもの（表3-4参照）です。
表5-5の統計データにおいて，男性と女性の2つの区分それぞれの総数と平均
値は，$n_1=23$, $n_2=13$, $\overline{x_1}=355$, $\overline{x_2}=292$ です。

表5-5　単身勤労者世帯（30歳未満）男女別年間収入の統計データ

	1	2	…	13	…	23
男性の年間収入（万円/年）　x_{1i}	393	283	…	543	…	424
女性の年間収入（万円/年）　x_{2i}	188	413	…	350		

これらの値から，全体の平均値を計算します。

$$\overline{x} = \frac{1}{n_1+n_2}(n_1\overline{x_1} + n_2\overline{x_2})$$

$$= \frac{1}{23+13}(23\times355 + 13\times292)$$

$$= \frac{1}{36}\times11961$$

$$= 332.25$$

全体の平均値は332.25
万円となります。中央値
ではこのような計算はで
きませんので，注意して
ください。

と表されます。$\dfrac{n_1}{n_1+n_2}$ と $\dfrac{n_2}{n_1+n_2}$ は，それぞれの区分の相対度数です。つまり，各区分の平均値と全体の平均値との関係は，

（全体の平均値）＝Σ（各区分の相対度数）×（各区分の平均値）

となります。

2種類の統計表：度数分布表と中心の位置の統計値

例題 5-2 に関する 2 種類の統計表を以下に示します。第 3 章で統計データに基づいて集計を行って作成した統計表（（再掲）表 3-4 参照）は度数分布表です。このため，男性と女性の年間収入の分布状況を把握することができました。一方，統計値である平均値と中央値を表現した統計表は表 5-6 のようになります。表 5-6 によると，統計データの中心の位置を示す平均値と中央値はともに，女性よりも男性の方が高い値をとっていることがわかります。このように，平均値と中央値を用いることにより，度数分布表よりも簡単に統計データを比較することができます。ただし，中心の位置だけでは分布の拡がりを把握することはできません。

（再掲）表 3-4　単身勤労者世帯（30 歳未満）男女，年間収入階級別世帯数

単身勤労者世帯（30 歳未満）男女	総数	年間収入階級					
		200 万円未満	200〜300 万円未満	300〜400 万円未満	400〜500 万円未満	500〜600 万円未満	600 万円以上
総　数	36	5	10	11	8	2	0
男性	23	2	5	8	6	2	0
女性	13	3	5	3	2	0	0

度数分布表

表 5-6　単身勤労者世帯（30 歳未満）男女別年間収入の平均値と中央値

単身勤労者世帯（30 歳未満）男女	総数	相対度数	年間収入	
			平均値（万円）	中央値（万円）
総　数	36	1.0000	332.25	348
男性	23	0.6389	355.00	370
女性	13	0.3611	292.00	267

中心の位置の統計値

確認テスト

表 5-6 に基づいて，つぎの問題を解いてください。　　　　（解答は p.149）

（1）女性 13 人のうち，年間収入が 7 番目に高い人の年間収入は，何万円ですか。

（2）36 人全員の年間収入を合計すると，何万円になりますか。

第6章 変化を表す統計量

この章で学ぶこと

● 変化を表す統計量とその文章表現について学びます。

● 変化を表現する文章作成に慣れるようにします。

● 全体の変化率に対する影響の度合いを表す寄与度と寄与率について理解します。

この章では，時系列データを用いて，変化を表す統計量とその統計量に基づく文章表現について学びます。また，全体の変化率に関して，それを構成する各項目のうち，どの項目の変化が最も影響を及ぼしているのかを測る寄与度と寄与率について理解します。

クイズ ●6 表現方法を見直そう

つぎの文章において，修正した方がよい表現はどこでしょうか。A，B，Cの3つの箇所から，いくつでも選んでください。また，どのように修正した方がよいのでしょうか。考えてみましょう（解答は64ページ）。

労働力統計（総務省）によると，2018年11月の就業者数は6,709万人であり，前年同月に比べて157万人増加した（A）。また，完全失業率（季節調整値）は2.5%であり，前月の2.4%に比べて0.1%（B）増加した（C）。

変化を表す統計量と表現方法

Point

□ 実数値の変化は，変化幅または変化率により「増加/減少」という言葉で表現する。

□ 比率の変化は，変化幅（%ポイント）により「上昇/低下」という言葉で表現する。

□ 変化幅の推移は，「拡大/縮小」という言葉で表現する。

(1) 実数値の変化（増加/減少）

国民生活基礎統計（厚生労働省）によると，2021年の1世帯当たりの平均所得は，前年比3.3%減の545.7万円であった。1世帯当たりの平均所得は1994年の664.2万円をピークとして2021年には1994年比で17.8%減少した。

◆解説◆　国民生活基礎統計によると，2020年の1世帯当たりの平均所得は564.3万円であり，これを100に換算すると，2021年の545.7万円は96.7（(545.7÷564.3)×100＝96.70）になります。このため「3.3%減」（96.7－100.0＝－3.3）と表現します。また，同様にして，1994年を基準とした比を計算すると，82.2（(545.7÷664.2)×100＝82.16）になるため「1994年比で17.8%減少した」（82.2－100.0＝－17.8）と表現します。実数値の変化は，変化の基準となる実数値からの変化率で表すことが多く，変化の状況は増加または減少という言葉で表現します。変化率を数式で表すと，つぎのようになります。このとき，t期の実数値をx_t，$(t-1)$期の実数値をx_{t-1}，変化幅をΔx_t（デルタエックスティと呼びます）で表します。変化幅Δx_tは，前期からの変化量（$\Delta x_t = x_t - x_{t-1}$）を表します。

$$\frac{x_t - x_{t-1}}{x_{t-1}} = \frac{\Delta x_t}{x_{t-1}}$$

$$\frac{545.7 - 564.3}{564.3} = \frac{-18.6}{564.3} = -0.033 \ （前年比）$$

$$\frac{545.7 - 664.2}{664.2} = \frac{-118.5}{664.2} = -0.178 \ （1994年比）$$

(2) 比率の変化（上昇/低下）

神奈川県の下水道普及率は，平成20年度末には95.5%に達し，平成元年度末の65.6%から約30%ポイント上昇した。

◆解説◆　比率（%）の変化を表す場合，実数値と同様な表現を用いると状況がわかりにくくなります。たとえば，神奈川県の平成元年度末の下水道普及率65.6%を100として，平成20年度末の95.5%を146（95.5÷65.6＝1.46）と計算し，「46%増加」という表現にしてみましょう。

神奈川県の下水道普及率は，平成20年度末には95.5%に達し，平成元年度末の65.6%から46%増加した。

上記のような表現よりも普及率の増加分である「約30%ポイント上昇」と表現した方が比率（%）の変化の度合いがわかりやすくなります。比率の変化は，変化幅を%ポイントで表し，変化の状況は上昇または低下/下落という言葉で表現します。神奈川県の下水道普及率に関する変化幅は29.9%ポイントの上昇ですので，「約30%ポイント上昇」と表現しました。

$$x_{t+1} - x_t = \Delta x_t \qquad 0.955 - 0.656 = 0.299$$

（3）変化幅の推移（拡大/縮小）

労働力統計（総務省）によると，2018年11月の就業者数は6,877万人であり，前年同月に比べて157万人増加し，71か月連続の増加が続いている。前年同月と比べた増加幅は，2018年8月以降は11月まで4か月連続で増加幅が拡大している。

◆解説◆　変化幅の推移から増加や減少の傾向を示すことができます。たとえば，表6-1のように，2018年11月の就業者数6,709万人を前年同月である2017年11月の就業者数6,552万人と比べると，変化幅の157万人（6709−6552＝157）は就業者数の増加を表しています。前年同月増減の変化幅は，2018年7月から順に97，109，119，144，157と大きくなっています。変化幅は，＋−の符号には関係なく，大きくなる場合には拡大，小さくなる場合には縮小と表現します。

クイズ6の解答 ▶ BとC

Bは「0.1%ポイント」に，Cは「上昇した」に表現を修正します。比率をパーセントで表すとき，変化幅は%ポイント，またはポイントと表した方がよいでしょう。また，就業者数のような実数値の変化を表現する言葉には，「増加」または「減少」を用います。このため，Aにおける表現は適切です。一方，比率の変化を表現する言葉は，「上昇」または「低下/下落」を用います。このように，実数値と比率の変化を表現する言葉は，区別して用いた方がわかりやすくなります。

表 6-1 就業者数, 前年同月増減, 前月増減の推移

年　　　月		就業者数 原数値 (万人)	前年同月 増減 (万人)	前月 増減 (万人)
平成 29 年 (2017 年)	10 月	6,581	61	−15
	11 月	6,552	75	−29
	12 月	6,542	52	−10
平成 30 年 (2018 年)	1 月	6,562	92	20
	2 月	6,578	151	16
	3 月	6,620	187	42
	4 月	6,671	171	51
	5 月	6,698	151	27
	6 月	6,687	104	−11
	7 月	6,660	97	−27
	8 月	6,682	109	22
	9 月	6,715	119	33
	10 月	6,725	144	10
	11 月	6,709	157	−16

資料：労働力統計（総務省）

(4) 変化幅と変化率：表現する統計量の選択

　表 6-2 に 3 つの地区（A 地区, B 地区, C 地区）の下水道普及率に関する 20 年間の推移を示します。このとき, 変化幅では C 地区が 50％ポイントと最も大きいのに対して, 変化率（倍率での表現）では, A 地区が 7.0 倍と大きな伸びがあったことになります。これは, A 地区の下水道普及率が 20 年前には 5％と小さい値であったため, 変化率で表現すると大きな変化があったかのように見えるからです。このように, 変化幅と変化率では異なる比較結果が得られることがあります。もちろん, 比率である下水道普及率の変化は変化幅（％ポイント）で表現した方が適切です。

表 6-2 地区別 下水道普及率, 変化幅, 変化率

	$(t-20)$ 年	t 年	変化幅	変化率 (倍率)	変化率 (％)
A 地区	5％	35％	30％ポイント	7.0 倍	600％増
B 地区	20％	60％	40％ポイント	3.0 倍	200％増
C 地区	50％	100％	50％ポイント	2.0 倍	100％増

ただし，表6-2では3つの地区の人口と20年間の人口増減の影響を無視しています。第4章において，構成比グラフを改良する際に，最終学歴の各区分の度数も合わせて表現することを学びました。本来は，この比較でも同様に，地区の人口規模や20年間の増減も合わせて観察することが必要です。

 **問題6-1**

変化の文章表現ほか

(1) 就業状態の変化に関する文章表現について練習しましょう。表6-3に2018年11月の労働力調査（総務省）の結果を示します。表6-3に示した就業状態のうち，就業率の変化を表現すると，以下のようになります。

◆表現例◆

> 　労働力調査（総務省）によると，2018年11月の男性の就業率は69.8%であり，前年同月に比べて1.5%ポイント上昇した。一方，女性の就業率は51.7%であり，前年同月に比べて1.5%ポイント上昇した。

　クイズでの文章と上記の表現例を参考にして，（　　　）に統計値（表6-3参照）に基づく文章を記述してください。

> 　労働力調査（総務省）によると，2018年11月の労働力人口は（　a　）であり，前年同月に比べて（　b　）した。また，労働力人口比率は（　c　）であり，前年同月に比べて（　d　）した。

(2) 表6-3における前年同月増減の統計データは，2018年11月時点の就業状態と1年前（2017年11月）の結果を比べたものです。このように，時間を経るごとに観測したような統計データを（　　　）データと呼びます。（　）内に文字を入れてください。忘れてしまった場合は第2章例題2-2を確認しましょう。

（解答はp.150）

表6-3　就業状態，男女別人口，労働力人口比率，就業率（2018年11月）

就業状態	男女計		男性		女性	
	原数値 万人，%	前年同月 増減 万人，%ポイント	原数値 万人，%	前年同月 増減 万人，%ポイント	原数値 万人，%	前年同月 増減 万人，%ポイント
15歳以上人口	11,103	−10	5,363	−5	5,739	−6
労働力人口	6,877	147	3,843	71	3,033	75
就業者	6,709	157	3,742	76	2,967	82
完全失業者	168	−10	101	−5	66	−6
非労働力人口	4,221	−155	1,518	−75	2,703	−81
労働力人口比率（%）	61.9	1.3	71.7	1.4	52.8	1.3
就業率（%）	60.4	1.4	69.8	1.5	51.7	1.5

資料：労働力統計（総務省）

変化率の分解

Point

□ 全体の変化率は，項目別の変化率と構成比の積和として表現できる。

□ 全体の変化率 $= \sum_j \left[\begin{array}{c}(t-1) \text{ 期から } t \text{ 期への}\\ \text{項目 } j \text{ の変化率}\end{array} \times \begin{array}{c}(t-1) \text{ 期の}\\ \text{項目 } j \text{ の構成比}\end{array}\right]$

　　　　基となる実数値を項目別に分解することができるならば，変化率は項目別の変化率と構成比の積和として表現することができます。たとえば，就業者は男性と女性に分けることができますので，全体の変化率は男女別の変化率と男女の構成比の積和として表現できます。変化率と構成比との積に関して和の計算をしているので積和と言います。ここでは，5 年間の就業者数の変化率（表 6-4 参照）を例に挙げて説明します。

表 6-4　男女，年次別就業者数と変化幅，変化率

	2013 年 11 月 原数値 万人	2018 年 11 月 原数値 万人	変化幅 万人	変化率
就業者数	6,388	6,709	321	5.0%
男性 女性	3,635 2,753	3,742 2,967	107 214	2.9% 7.8%

資料：労働力統計（総務省）

(1) 全体の変化率

　先ほど示したように，t 期の就業者数を x_t，$(t-1)$ 期の就業者数を x_{t-1}，変化幅を Δx_t で表すと，$(t-1)$ 期から t 期への変化率はつぎのようになります。
⇨❶

　いま，5 年間の変化を観察するため，t 期を 2018 年 11 月，$(t-1)$ 期を 2013 年 11 月と置き換えて，表 6-4 の統計データを代入すると，5 年間の就業者数の変化率は 5.0%増であると計算できます。⇨❷

(2) 変化率の分解

　就業者は男性と女性に分けることができます。男性と女性の t 期の就業者数をそれぞれ x_{1t}，x_{2t} と表現すると，全体の就業者数は $x_t = x_{1t} + x_{2t}$ となり，全体の変化率をつぎのように分解することができます。
⇨❸

❶ $\dfrac{x_t - x_{t-1}}{x_{t-1}} = \dfrac{\Delta x_t}{x_{t-1}}$

❷ $\dfrac{6709 - 6388}{6388} = \dfrac{321}{6388} = 0.05025$

❸ $\dfrac{x_t - x_{t-1}}{x_{t-1}} = \dfrac{(x_{1t} + x_{2t}) - (x_{1t-1} + x_{2t-1})}{x_{t-1}}$

$\qquad = \dfrac{(x_{1t} - x_{1t-1}) + (x_{2t} - x_{2t-1})}{x_{t-1}}$

$\qquad = \dfrac{(x_{1t} - x_{1t-1})}{x_{t-1}} + \dfrac{(x_{2t} - x_{2t-1})}{x_{t-1}}$

$\qquad = \dfrac{(x_{1t} - x_{1t-1})}{x_{1t-1}} \dfrac{x_{1t-1}}{x_{t-1}} + \dfrac{(x_{2t} - x_{2t-1})}{x_{2t-1}} \dfrac{x_{2t-1}}{x_{t-1}}$

最後の数式展開では，右辺第 1 項に x_{1t-1} を，右辺第 2 項には x_{2t-1} を分母と分子に乗じています。分母と分子に存在することから 1 となりますが（たとえば，$x_{1t-1} \div x_{1t-1} = 1$），項目別の変化率と構成比とに分けて表現したいために操作的に加えました。

このように分解すると，全体の変化率は，$(t-1)$ 期から t 期への男女別の変化率と $(t-1)$ 期の構成比の積和で表すことができます。表 6-4 の統計データをあてはめると，以下のとおりです。

$$\frac{6709-6388}{6388} = \frac{(3742+2967)-(3635+2753)}{6388}$$

$$= \frac{(3742-3635)+(2967-2753)}{6388}$$

$$= \frac{(3742-3635)}{6388} + \frac{(2967-2753)}{6388}$$

$$= \frac{(3742-3635)}{3635}\frac{3635}{6388} + \frac{(2967-2753)}{2753}\frac{2753}{6388}$$

$$\left(\begin{array}{c}\text{男性の}\\\text{就業者数}\\\text{変化率}\end{array}\right) \times \left(\begin{array}{c}\text{男性の}\\\text{構成比}\\\text{(2013 年)}\end{array}\right) + \left(\begin{array}{c}\text{女性の}\\\text{就業者数}\\\text{変化率}\end{array}\right) \times \left(\begin{array}{c}\text{女性の}\\\text{構成比}\\\text{(2013 年)}\end{array}\right)$$

全体の変化率を男女別に分解できました。

寄与度と寄与率

Point

□ 項目 j の寄与度 ＝ $\begin{array}{c}(t-1)\ \text{期から } t \text{ 期への}\\ \text{項目 } j \text{ の変化率}\end{array}$ × $(t-1)$ 期の項目 j の構成比

□ 項目 j の寄与率 ＝ 項目 j の寄与度 ÷ 全体の変化率

(1) 寄与度

項目別の変化率と構成比の積を寄与度と呼びます。項目 j の寄与度は項目 j の全体の変化率への影響の度合いを表していることになり，寄与度を合計すると全体の変化率となります。表 6-5 に変化率，構成比，寄与度の計算結果を示します。

$$\frac{x_t - x_{t-1}}{x_{t-1}} = \frac{(x_{1t}-x_{1t-1})}{x_{1t-1}}\frac{x_{1t-1}}{x_{t-1}} + \frac{(x_{2t}-x_{2t-1})}{x_{2t-1}}\frac{x_{2t-1}}{x_{t-1}}$$

全体の変化率＝項目 1 の変化率×$(t-1)$ 期の項目 1 の構成比
　　　　　　＋項目 2 の変化率×$(t-1)$ 期の項目 2 の構成比

全体の変化率＝項目 1 の寄与度＋項目 2 の寄与度

$$\frac{6709-6388}{6388}=\frac{(3742-3635)}{3635}\frac{3635}{6388}+\frac{(2967-2753)}{2753}\frac{2753}{6388}$$

$$=0.029436\times0.56904+0.077733\times0.43100$$

$$=0.016750+0.0033503$$

$$=0.05025$$

表 6-5　男女，年次別就業者数と寄与度，寄与率

	2013 年 11 月 原数値 万人	2018 年 11 月 原数値 万人	変化幅 万人	変化率 (a)	2013 年 11 月 構成比 (b)	寄与度 (a×b)	寄与率
就業者数	6,388	6,709	321	5.0%	1.000	5.0%	100%
男性	3,635	3,742	107	2.9%	0.569	1.7%	33%
女性	2,753	2,967	214	7.8%	0.431	3.4%	67%

注：寄与度は変化率と構成比の積．寄与率は全体の変化率における寄与度の構成比を表す．
資料：労働力統計（総務省）

　　全体の変化率（5.0％増）における男性の寄与度は，男性就業者数の変化率（107÷3635＝0.029436）に基準となる 2013 年 11 月における構成比（3635÷6388＝0.56904）を乗じて，1.7％（0.029436×0.56904＝0.016750）となります。一方，女性の寄与度は 3.4％（0.077733×0.43100＝0.033503）です。これらの和（0.016750＋0.033503＝0.05025）は，全体の変化率（5.0％）に一致します。

(2) 寄与率

　　全体の変化率における寄与度の構成比を寄与率と呼びます。表 6-5 では，男性の寄与率は 33％（0.016750÷0.05025＝0.33），女性の寄与率は 67％（0.033503÷0.05025＝0.67）です。寄与率は合計すると 100％になるため，項目別の寄与率は全体の変化を説明する度合いを表すことになり，つぎのような文章で表現します。

　　　労働力調査（総務省）によると，2018 年 11 月の就業者数は 6,709 万人であり，2013 年 11 月からの 5 年間で就業者数は 321 万人増加（5.0％増）した。また，女性の寄与率は 67％であることから，この時期の就業者数増加は女性の就業者数増加によって 67％を説明できることがわかった。

　　項目 j の寄与率は，「項目 j の変化幅÷全体の変化幅」として計算することもできます。こちらの計算の方が簡単です。この計算でも，男性の寄与

率は33%（107÷321＝0.33），女性の寄与率は67%（214÷321＝0.67）です。

$$\frac{(x_{1t}-x_{1t-1})}{x_{1t-1}}\frac{x_{1t-1}}{x_{t-1}}\div\frac{x_t-x_{t-1}}{x_{t-1}}=\frac{(x_{1t}-x_{1t-1})}{x_{t-1}}\div\frac{x_t-x_{t-1}}{x_{t-1}}$$

$$=\frac{x_{1t}-x_{1t-1}}{x_t-x_{t-1}}$$

column

数値の丸め方

労働力調査（総務省）において，「統計表を見る上での注意」の一項目としてつぎの点があげられています。「統計表の数値は，表章単位未満の位で四捨五入してあるため，また，総数に分類不能又は不詳の数を含むため総数と内訳の合計とは必ずしも一致しない」。

単純に四捨五入を行うと数値は大きい方へ偏ることになります。たとえば，「2.5万人」という結果が得られているとき，単純な四捨五入で万人単位にしますと3万人になります。このとき，小数点以下2桁の数値が不明であるとすれば，2.5万人は2.45万人以上2.55万人未満と考えることができますので，単純な四捨五入は，2.45万人以上3.45万人未満を3万人に丸めていることになります。つまり，単純な四捨五入により，わずかですが数値は大きい方へ偏ることになり（2.5万人以上ではなく，2.45万人以上が3万人になるため），それらを合算すると偏りは増大していきます。

2.45〜3.45→3
3.45〜4.45→4

この問題に対処する数値の丸め方として，「偶数への丸め」と呼ばれている方法があります。これは，丸めによる誤差が合計により累積しない方法としてJISにおいても定められている方法です。この方法では，たとえば整数に数値を丸める際に，小数第1位が5よりも大きいならば切り上げ，5よりも小さいならば切り捨て，ちょうど5であるならば（.50や.500なども含む）結果が偶数になるように，切り上げまたは切り捨てを行います。整数への偶数丸めでは，「2.5万人」は2万人になり，「3.5万人」は4万人になります。(83ページコラム「有効数字と丸めた数値による計算誤差」参照)

就業構造基本調査による男女別有業者数の推移

　就業構造基本調査における有業者数の変化を表 6-6 に示します。この表 6-6 を基にして，5 年間の有業者数の変化に関する寄与度，寄与率を計算し，変化を文章で表現します。

(1) 表 6-6 に基づいて寄与度と寄与率を計算しましょう。計算結果は表 6-6 の空欄に記入してください。

(2) 完成した表 6-6 に基づいて，2012 年 10 月から 2017 年 10 月までの 5 年間における女性の有業者数増加を説明する文章を作成しましょう。69 ページの文章を参考にしてください。

（解答は p.150）

表 6-6　男女，年次別有業者数と寄与度，寄与率

	2012 年 10 月 万人	2017 年 10 月 万人	変化幅 万人	変化率 (a)	2012 年 10 月 構成比 (b)	寄与度 (a×b)	寄与率
有業者数	6,442	6,621	179	2.779%	1.000	2.8%	100%
男性	3,675	3,707	32	0.871%	0.570	0.5%	
女性	2,768	2,914	146	5.275%	0.430		

注：寄与度は変化率と構成比の積，寄与率は全体の変化率における寄与度の構成比を表す.
資料：就業構造基本統計（総務省）

(2) の解答（文書作成）

❶ 時系列データの変化は変化幅（$\Delta x_t = x_t - x_{t-1}$）や変化率 $\left(\dfrac{\Delta x_t}{x_{t-1}}\right)$ で表現します。

❷ 実数値の変化は，「増加」または「減少」という言葉で表現します。

❸ 比率の変化は，変化幅に基づき，「上昇」または「低下（下落）」という言葉で表現します。

❹ 変化幅の推移は，「拡大」または「縮小」という言葉で表現します。

❺ 全体の変化率は，項目別の寄与度に分解することができます。寄与度の合計は全体の変化率に等しくなります。

❻ 項目別の寄与率は全体の変化を説明する度合いを表します。

column

労働力調査と就業構造基本調査

労働力調査に基づく統計表では「就業者」，就業構造基本調査に基づく統計表では「有業者」という用語を使用しました。このように異なる用語を用いるのは，2つの調査において就業状態の調査方式が異なるからです。労働力調査では，月末1週間の就業状態を調べているのに対して，就業構造基本調査では，ふだんの就業状態を尋ねています。

この2つの調査は主に就業状態を調べるものですが，労働力調査は毎月約4万世帯に調査を行っているのに対して，就業構造基本調査は5年ごとに約45万世帯に詳細な調査を行っています。このため，就業構造基本調査の方が詳細な状態，たとえば都道府県別の状態や前職，就業への意識までも把握することができます。

このように，公的統計では，就業状態の推移を毎月把握する調査と，就業構造を明らかにするための大規模な調査を組み合わせています。同様な組み合わせとして，家計の状況を毎月調査している家計調査と5年ごとの全国家計構造調査の組み合わせがあります。

	就業の状況		家計の状況	
調査名	労働力調査	就業構造基本調査	家計調査	全国家計構造調査
調査時期	毎月	5年ごと	毎月	5年ごと
調査世帯数	約4万世帯	約45万世帯	約9千世帯	約5万7千世帯

表6-7は，2019年10月から21年12月までの就業者数の推移を表した統計表です。

（　　　）に統計値や統計値に基づく文章を記述してください。　（解答はp.150）

労働力統計（総務省）によると，2020年4月の就業者数は（　a　）万人であり，前月と比べて（　b　）万人（　c　）した。前年同月と比べた減少幅は，20年4月において60万人であり，10月まで7か月連続で減少幅は（　d　）万人を超えた。就業者数の推移によりコロナ禍の影響を測ることができる。

表6-7　就業者数，前年同月増減，前月増減の推移

年　　　　月		就業者数 原数値 （万人）	前年同月 増減 （万人）	前月 増減 （万人）
令和元年 （2019年）	10月	6,948	71	21
	11月	6,937	38	−11
	12月	6,941	74	4
令和2年 （2020年）	1月	6,933	64	−8
	2月	6,934	42	1
	3月	6,938	18	4
	4月	6,843	−60	−95
	5月	6,864	−33	21
	6月	6,864	−36	0
	7月	6,869	−31	5
	8月	6,892	−20	23
	9月	6,897	−30	5
	10月	6,922	−26	25
	11月	6,942	5	20
	12月	6,930	−11	−12
令和3年 （2021年）	1月	6,937	4	7
	2月	6,941	7	4
	3月	6,916	−22	−25
	4月	6,909	66	−7
	5月	6,906	42	−3
	6月	6,911	47	5
	7月	6,931	62	20
	8月	6,910	18	−21
	9月	6,884	−13	−26
	10月	6,861	−61	−23
	11月	6,878	−64	17
	12月	6,904	−26	26

資料：労働力統計（総務省）

第7章 散らばりの統計量

この章で学ぶこと

● 統計データの散らばりをどのように測るのかを考えます。

● 散らばりの統計量として，分散と標準偏差があります。

● 分散と標準偏差の計算方法を習得します。

第5章では，統計データの中心の位置の統計量として，平均値と中央値について学びました。この章では，統計データの散らばりの統計量について学びます。統計データの散らばりはどのように測るとよいのでしょうか。散らばりの統計量は，中心の位置の統計量に関する性質と深い関係があります。

クイズ ●7 散らばりを測ろう

それぞれ10発の射撃結果をア，イ，ウに表します。これら3つの射撃結果のうち，弾の散らばりが最も小さいのは明らかにウで，つづいてア，イの順です。ウの射撃結果は的の中心ではなく偏っていますが，アやイに比べて弾は集中しています。

ア 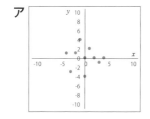　イ 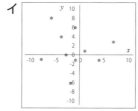　ウ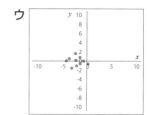

弾の射撃結果である着弾点を統計データとして，的の中心を原点に (x_i, y_i)，$i=1,2,\dots,10$ で表します。このとき，着弾点の散らばりを統計データの中心からの距離として測ることを考えます。つぎの A，B，C の距離のうち，どれが適切であると思いますか（解答は77ページ）。

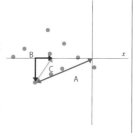

A：的の中心からの距離

$$\sqrt{x_i^2 + y_i^2}$$

B：統計データの中心からの絶対偏差

$$|x_i - \bar{x}| + |y_i - \bar{y}|$$

C：統計データの中心からの距離

$$\sqrt{(x_i - \bar{x})^2 + (y_i - \bar{y})^2}$$

統計データの散らばりをどのように測るか

Point

□ 統計データの散らばりを測る統計量について考える。

□ 絶対偏差の和は中央値，偏差平方の和は平均値と対応関係にある。

□ 散らばりの統計量として，分散と標準偏差を定義する。

(1) 統計データの散らばりは統計データの中心からの距離で表す

統計データの散らばりを統計データの中心からの距離で表現することについて異論はないと思います。しかし，統計データの中心の位置として，平均値と中央値のどちらを採用すればよいのでしょうか。ひとまず，平均値と中央値のどちらを採用するのかについては決定せずに，中心からの距離を考えてみましょう。

(2) 2つの距離候補：絶対偏差と偏差平方

中央値からの偏差
−2.0 のとき
絶対偏差は $|-2.0|=2.0$
偏差平方は $(-2.0)^2=4.0$
となりますね。

表 7-1 には，小さい値から順に並べた統計データ（表 5-2 参照）別に，中心の位置の統計値からの偏差と絶対偏差，偏差平方を示します。表 7-1 のように，中心の位置からの偏差は正と負（＋と−）の値が混在しています。この偏差を距離としてそのまま使用するのは問題があります。

距離は，つねに正をとる値であり，かつ距離の大きさが中心から離れていることを示す必要があります。このため，距離の候補として，偏差の絶対値である絶対偏差と偏差の二乗（自乗と書くこともあります）である偏差平方（平方は二乗と同じ意味です）が考えられます。絶対偏差と偏差平方は，つねに正の値であり，大きい値をとるほど中心から離れていることを表現しています（表 7-1 を参照）。先ほどのクイズにおける選択肢でも絶対値による距離（クイズの選択肢 B）と平方を用いた距離（クイズの選択肢 C）の 2つを挙げました。また，絶対偏差と偏差平方では距離の大小関係が異なることはありません。つまり，$|a| \leq |b|$ であれば $a^2 \leq b^2$ が成り立ちます。

表 7-1 統計データ別 中心の位置の統計値からの偏差，絶対偏差，偏差平方

	1	2	3	4	5	6	7	8	合計	平均
統計データ $x_{(i)}$	3.0	3.7	4.1	4.8	5.2	8.0	10.2	15.8	54.80	6.85
平均値からの偏差	−3.85	−3.15	−2.75	−2.05	−1.65	1.15	3.35	8.95	0.00	0.00
中央値からの偏差	−2.00	−1.30	−0.90	−0.20	0.20	3.00	5.20	10.80	14.80	1.85
平均値からの絶対偏差	3.85	3.15	2.75	2.05	1.65	1.15	3.35	8.95	26.90	3.36
中央値からの絶対偏差	2.00	1.30	0.90	0.20	0.20	3.00	5.20	10.80	23.60	2.95
平均値からの偏差平方	14.82	9.92	7.56	4.20	2.72	1.32	11.22	80.10	131.88	16.49
中央値からの偏差平方	4.00	1.69	0.81	0.04	0.04	9.00	27.04	116.64	159.26	19.91

注：統計データは小さい値から順に並べている。また，平均値は 6.85，中央値は 5.0 である。

（3）統計データ全体で散らばりを表現する

　距離で散らばりを表現する際の問題は，中心からの距離は統計データの大きさ n 個分存在するということです。平均値や中央値といった中心の位置の統計量は，それぞれの統計データに対して 1 つの統計値が得られます。散らばりの統計量も 1 つの統計値で表した方が統計データを要約することになります。統計データ全体で散らばりを表現するには，中心からの距離の和を計算して統計データの大きさで割る（平均の計算方法と同じです）ことが最も簡単な方法です。

　ここで，決定を保留していた絶対偏差と偏差平方に関する和を比べます。まず，第 5 章の問題 5-1 から，絶対偏差の和 $\sum_{i=1}^{n}|x_i-a|$ を最小にする a は中央値であることがわかっています。例題 7-1 において，偏差平方の和 $\sum_{i=1}^{n}(x_i-a)^2$ に関する性質を確認してみましょう。

例題 7-1　点 a 別　偏差平方とその和

　第 5 章において，偏差の和 $\sum_{i=1}^{n}(x_i-a)$ を 0 にする a は平均値であり，絶対偏差の和 $\sum_{i=1}^{n}|x_i-a|$ を最小にする a は中央値であるということがわかりました。それでは，偏差平方の和はどのような性質をもつのでしょうか。偏差平方の和 $\sum_{i=1}^{n}(x_i-a)^2$ を関数 $h(a)$ としたとき，特別の場合を除いて $h(a)=0$ となる点は存在しません（すべての観測値が同じ値のときのみ $h(a)=0$ となります）。点 a と $h(a)$ との関係を表 7-2 に示します。表 7-2 を用いて図 7-1 にグラフを描き，関数 $h(a)$ の最小値を求めます。

表 7-2　点 a を変化させたときの偏差平方 $(x_i-a)^2$ と偏差平方の和 $h(a)$

| a | 偏差平方 $(x_i-a)^2$ | | | | | | | | 偏差平方の和 $h(a)$ |
	$x_1=5.2$	$x_2=4.1$	$x_3=8.0$	$x_4=3.0$	$x_5=15.8$	$x_6=10.2$	$x_7=3.7$	$x_8=4.8$	$\sum(x_i-a)^2$
4.0	1.44	0.01	16.00	1.00	139.24	38.44	0.09	0.64	196.9
4.5	0.49	0.16	12.25	2.25	127.69	32.49	0.64	0.09	176.1
5.0	0.04	0.81	9.00	4.00	116.64	27.04	1.69	0.04	159.3
5.5	0.09	1.96	6.25	6.25	106.09	22.09	3.24	0.49	146.5
6.0	0.64	3.61	4.00	9.00	96.04	17.64	5.29	1.44	137.7
6.5	1.69	5.76	2.25	12.25	86.49	13.69	7.84	2.89	132.9
7.0	3.24	8.41	1.00	16.00	77.44	10.24	10.89	4.84	132.1
7.5	5.29	11.56	0.25	20.25	68.89	7.29	14.44	7.29	135.3
8.0	7.84	15.21	0.00	25.00	60.84	4.84	18.49	10.24	142.5
8.5	10.89	19.36	0.25	30.25	53.29	2.89	23.04	13.69	153.7

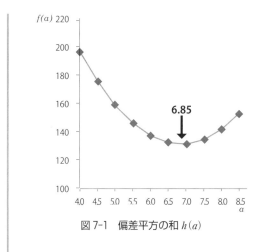

図7-1　偏差平方の和 $h(a)$

図 7-1 から，関数 $h(a)$ が最小値をとるのは a が 6.85 のときであることがわかります。つまり，偏差平方の和 $\sum_{i=1}^{n}(x_i-a)^2$ を最小にする a は平均値です。また，ここで示した内容を数式で解く方法については 85 ページの付録 2 を参照してください。

（4）絶対偏差の和と中央値，偏差平方の和と平均値という対応関係

第 5 章における平均値と中央値の性質と例題 7-1 の結果は表 7-3 のように整理することができます。表 7-3 から，絶対偏差の和は中央値，偏差平方の和は平均値と対応関係にあることがわかります。

$\bar{x}$(エックスバー) は平均値のことでしたね。

表 7-3　中心の位置の統計量と偏差の和，絶対偏差の和，偏差平方の和との関係

	平均値	中央値
偏差の和	偏差の和 $\sum_{i=1}^{n}(x_i-a)$ を 0 にする a は平均値。 $\sum_{i=1}^{n}(x_i-\bar{x})=0$ が成り立つ。	
絶対偏差の和		絶対偏差の和 $\sum_{i=1}^{n}|x_i-a|$ を最小にする a は中央値。
偏差平方の和	偏差平方の和 $\sum_{i=1}^{n}(x_i-a)^2$ を最小にする a は平均値。	

クイズ 7 の解答 ▶ C（または B）

的の中心からの距離では統計データの中心からの距離を測ることはできません。たとえば，ウのように集弾が偏っている場合，的の中心は統計データの中心とは言えません。このため，A は適切ではありません。距離としては，B，C のどちらの距離でも問題ありません。ただし，B を用いるよりも C を用いる方が一般的でしょう。C はユークリッド距離と呼ばれる距離です。

(5) 散らばりの統計量として，偏差平方の平均を採用する

　統計データの中心の位置を平均値と考えると，絶対偏差の和よりも偏差平方の和の方が中心の位置と対応していると考えられます。また，偏差平方の和は統計データの大きさ n に依存して大きくなるため，統計データの大きさ n で割った統計量を採用します。この統計量を分散（variance）と呼び，s_x^2 と表します。s_x^2 の下添え字の x は，変数 x の分散という意味で使用しています。

分散　s_x^2
標準偏差　s_x
2つをペアで覚えてしまえばいいのね！

$$s_x^2 = \frac{1}{n}\sum_{i=1}^{n}(x_i - \bar{x})^2$$

　分散は，その計算方法から，偏差平方に関する平均値であると考えることもできます。このように，平均値の計算に基づいて，散らばりの統計量である分散を定義することからも，中心の位置として平均値を用いることに統一性があると考えられます。また，分散の単位は統計データの二乗です。たとえば，統計データの単位が「万円」の場合には，分散の単位は「万円²」となることに注意しなければなりません。

(6) 統計データの単位に合わせるために，分散の正の平方根をとる

　分散の単位は統計データの単位の二乗になりますので，統計データの単位に合わせた統計量として標準偏差（standard deviation）s_x を定義します。標準偏差は分散の正の平方根をとった統計量です。

$$s_x = \sqrt{s_x^2} = \sqrt{\frac{1}{n}\sum_{i=1}^{n}(x_i - \bar{x})^2}$$

(7) 整理：分散の考え方

　これまでに説明してきた散らばりの統計量の考え方を整理すると以下のようになります。

重要なポイントです。わからなかったらあいまいにしないで，前に戻って確かめてから次に進んでくださいね。

❶統計データの中心からの距離で散らばりを表す。距離として，絶対偏差と偏差平方の2つの候補が考えられる。

❷統計データ全体で1つの値として散らばりを表現する。絶対偏差の和を最小にするのは中央値であり，偏差平方の和を最小にするのは平均値であるという対応関係がある。

❸平均値を中心の位置として，偏差平方の平均を散らばりの統計量として定義する。この統計量を分散と呼ぶ。

❹統計データの単位と合わせるために，分散の正の平方根をとる。この統計量を標準偏差と呼ぶ。

分散と標準偏差の計算

Point

☐ 分散の計算は表を用いて行う。

☐ 偏差の和が 0 であることを確認することにより計算間違いが少なくなる。

分散と標準偏差の計算方法について解説します。ここで示すのは，表を用いて筆算により統計値を求める方法です。

(1) 表に統計データを記入して，合計と平均値を計算する

i	x_i	$x_i-\bar{x}$	$(x_i-\bar{x})^2$
1	5.2		
2	4.1		
3	8.0		
4	3.0		
5	15.8		
6	10.2		
7	3.7		
8	4.8		
合計	54.8		
平均値	6.85		

統計データをすべて表に記入します。このとき，統計データの番号 i もあわせて記入してください。また，統計データを記入したのち，それらの合計と平均値を計算します。

(2) 平均値からの偏差を計算する

i	x_i	$x_i-\bar{x}$	$(x_i-\bar{x})^2$
1	5.2	-1.65	
2	4.1	-2.75	
3	8.0	1.15	
4	3.0	-3.85	
5	15.8	8.95	
6	10.2	3.35	
7	3.7	-3.15	
8	4.8	-2.05	
合計	54.8		
平均値	6.85		

平均値からの偏差（$x_i-\bar{x}$）の記号を表頭に記入してから，（$x_i-\bar{x}$）を計算します。この例では平均値が 6.85 ですので，少数点以下 2 桁まで求めます。平均値が割り切れない場合で筆算を行うときには，有効桁数よりも 1 桁以上多い桁数で計算してください。この場合，有効桁数は 2 桁（たとえば 5.2 は 2 桁）ですので，3 桁以上で筆算を行います。

(3) 平均値からの偏差を合計して 0 となることを確認する

i	x_i	$x_i - \bar{x}$	$(x_i - \bar{x})^2$
1	5.2	−1.65	
2	4.1	−2.75	
3	8.0	1.15	
4	3.0	−3.85	
5	15.8	8.95	
6	10.2	3.35	
7	3.7	−3.15	
8	4.8	−2.05	
合計	54.8	0.00	
平均値	6.85		

平均値からの偏差を合計して 0 となることを確認します。この確認を行うと，分散に関する計算間違いが少なくなります。平均値からの偏差を暗算する場合，計算を間違える可能性があります。平均値からの偏差の合計が 0 であれば，ここまでの計算は間違っていないことになります。もし，この計算において 0 にならなければ，計算結果を確認しましょう。ただし，平均値が割り切れない場合は，丸めた位置で多少の計算誤差が生じることがあります。

(4) 偏差平方を計算する

i	x_i	$x_i - \bar{x}$	$(x_i - \bar{x})^2$
1	5.2	−1.65	2.7225
2	4.1	−2.75	7.5625
3	8.0	1.15	1.3225
4	3.0	−3.85	14.8225
5	15.8	8.95	80.1025
6	10.2	3.35	11.2225
7	3.7	−3.15	9.9225
8	4.8	−2.05	4.2025
合計	54.8	0.00	131.8800
平均値	6.85		

平均値からの偏差に関する計算が間違っていないことを確認したのち，偏差平方を計算して合計を求めます。この過程では電卓を用いた方が簡単です。

また，平方の計算では，桁数を多めにとっておきましょう。このときに桁数を有効数字と同じ桁数に丸めてしまうと，合計による丸めの誤差が大きくなってしまいます（丸めの誤差については 83 ページ，数値の丸め方は 70 ページのコラム参照）。

(5) 分散の定義式を記述してから，統計値を代入して分散と標準偏差を求める

表を用いた計算結果と数式との関係を以下のように記述してから数値を代入します。このような筆算の癖をつけると，問題を解くことにより定義式を覚えるようになりますし，計算間違いを減らすことができます。

$$n=8, \qquad \sum_{i=1}^{n}(x_i-\bar{x})^2=131.88,$$

$$s_x^2=\frac{1}{n}\sum_{i=1}^{n}(x_i-\bar{x})^2=\frac{1}{8}\times131.88=16.485$$

$$s_x=\sqrt{s_x^2}=\sqrt{16.485}=4.0601724\approx4.1$$

問題 7-1

脈拍に関する分散と標準偏差の計算

第 5 章の例題 5-2（60 ページ）の統計データを用いて，分散と標準偏差の計算を実施します。脈拍数の統計データとして 5 つの観測値 68, 84, 76, 72, 72 があります。表 7-4 の空欄に，記号や数値を記入して計算を行ってください。表 7-4 には平均値の計算までの途中経過を記入しておきます。先ほど説明した計算の手順通りに実施してください。

（解答は p. 151）

表 7-4　分散と標準偏差の計算表（1）

i	x_i	$x_i - \bar{x}$	$(x_i - \bar{x})^2$
1	68		
2	84		
3	76		
4	72		
5	72		
合計	372		
平均値	74.4		

PC で計算ソフトを使えば答えはすぐ出るけど，自分で計算すると意味がよくわかるのね！

「分散と標準偏差の計算(5)」（79 ページ）と同様に定義式を記述してから，統計値を代入して分散と標準偏差を求めてください。

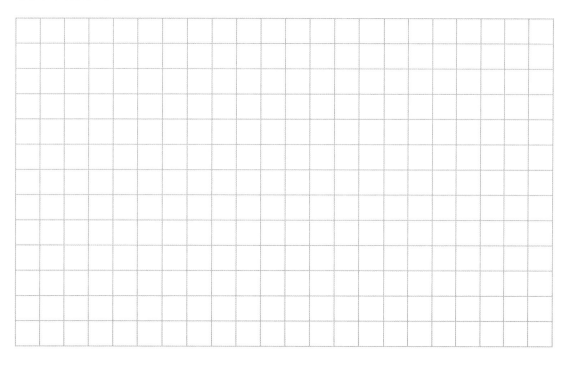

問題 7-2　**仮の平均を用いた分散と標準偏差の計算**

　第5章の例題5-2では，仮の平均を用いて平均値の計算を行いました。こ こでは，問題7-1の統計データを仮の平均70からの偏差 y_i として表し，表7-5における平均値からの偏差 $(y_i - \bar{y})$ を計算してください。そして，偏差の計算結果を問題7-1での計算と比較しましょう。平均値からの偏差 $(y_i - \bar{y})$ は $\bar{y}$ ＝4.4からの偏差として計算してください。

（解答は p.151）

表7-5　分散と標準偏差の計算表（2）

i	y_i	$y_i - \bar{y}$
1	-2	
2	14	
3	6	
4	2	
5	2	
合計	22	
平均値	4.4	

（6）統計データを平行移動しても分散は変わらない

　問題7-1と問題7-2の分散はまったく同じ値となります。このことを数式で表現すると，以下のようになります。仮の平均による平均値の計算では，元の観測値 x_i から仮の平均 b を引いた y_i を用いました。x_i と y_i との関係は，仮の平均 b により $y_i = x_i - b$ と $\bar{y} = \bar{x} - b$ になります。いま，変数 y の分散を S_y^2 とおきますと，つぎのように展開することができます。このように，それぞれの分散は等しいこと $(s_y^2 = s_x^2)$ がわかります。

$$s_y^2 = \frac{1}{n}\sum_{i=1}^{n}(y_i - \bar{y})^2$$

$$= \frac{1}{n}\sum_{i=1}^{n}\{(x_i - b) - (\bar{x} - b)\}^2$$

$$= \frac{1}{n}\sum_{i=1}^{n}|x_i - b - \bar{x} + b|^2$$

$$= \frac{1}{n}\sum_{i=1}^{n}(x_i - \bar{x})^2$$

$$= s_x^2$$

つぎの第8章では，標準偏差のさまざまな利用方法について説明します。

column

有効数字と丸めた数値による計算誤差

分散や標準偏差を計算するうえでの問題は，丸めた数値による計算誤差と有効桁数の 2 点を考慮しなければならないことです。計算機（電卓や PC）は多くの桁数を保存できるため，特殊な場合を除いて問題はないのですが，筆算の場合，計算誤差は問題となります。（数値の丸め方は 70 ページのコラム参照）

筆算の経験則としてつぎに示すものがあります。

「1 回の計算で解を出すことができないとき，計算の各過程において数値を有効桁数に丸めることはしない。有効桁数+1 桁以上の桁数をとった計算を行う。」このとき，「+1 桁以上」としたのは，偏差平方を計算する際に，桁数が多くなるからです。厳密には，値の範囲（たとえば，5.2 ならば，5.15≦5.2＜5.25 の範囲）を考慮することで桁数を決定するのですが，統計データに応じて考慮することはたいへん厄介です。このため，計算の桁数は有効桁数よりも多めにとって計算してください。

分散や標準偏差の計算において最も気をつけるのは，平均値を有効桁数に四捨五入してから計算を行わないことです。問題 7-1 の場合，平均値を 74.4 ではなく四捨五入して 74 とすると，分散は 29.44 ではなく 29.6 になってしまいます。これは，経験則の「計算の各過程において数値を有効桁数に丸めない」に反した例です。

▶有効桁数+2 桁での計算

$$s_x^2 = \frac{1}{n}\sum_{i=1}^{n}(x_i-\bar{x})^2 = \frac{1}{5}\times 147.20 = 29.44$$

i	x_i	$x_i-\bar{x}$	$(x_i-\bar{x})^2$
1	68	-6.4	40.96
2	84	9.6	92.16
3	76	1.6	2.56
4	72	-2.4	5.76
5	72	-2.4	5.76
合計	372	0.0	147.20
平均値	74.4		

▶途中で数値を有効桁数に丸めた計算

$$s_x^2 = \frac{1}{n}\sum_{i=1}^{n}(x_i-\bar{x})^2 = \frac{1}{5}\times 148 = 29.6$$

i	x_i	$x_i-\bar{x}$	$(x_i-\bar{x})^2$
1	68	-6	36
2	84	10	100
3	76	2	4
4	72	-2	4
5	72	-2	4
合計	372	2	148
平均値	74		

講義のまとめ

❶ 散らばりの統計量として分散と標準偏差を学びました。

❷ 平均値からの偏差平方の平均を分散（variance），分散の正の平方根を標準偏差（standard deviation）と呼びます。

❸ 分散の計算は表を用いて行います。

確認テスト Q

(1) 統計データは質的データと量的データに分類されます（第2章）。散らばりの統計量を計算できるのは，どちらのデータでしょうか。

(2) 脈拍数の統計データとして5つの観測値 668，830，763，714，725 があります。問題7-1では1分間計測したのに対して，ここでは10分間脈拍数を計測した観測値を用います。標準偏差を計算してください。計算の際には下記の表を活用してください。

（解答は p.151）

分散と標準偏差の計算表

i	x_i	$x_i - \bar{x}$	$(x_i - \bar{x})^2$
合計			
平均値			

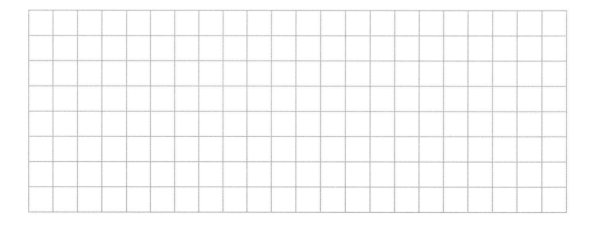

偏差平方和を最小にするのは平均値で
あることの証明

$h(a) = \sum (x_i - a)^2$ を最小にする a は $\bar{x}$ であることを証明しましょう。

$h(a)$ は a に関する2次関数です。これを展開すると以下のようになります。

$$h(a) = \sum_{i=1}^{n} (x_i - a)^2$$

$$= \sum_{i=1}^{n} (x_i^2 - 2ax_i + a^2)$$

$$= (x_1^2 - 2ax_1 + a^2) + (x_2^2 - 2ax_2 + a^2) + \cdots + (x_n^2 - 2ax_n + a^2)$$

$$= (x_1^2 + x_2^2 + \cdots + x_n^2) - 2a(x_1 + x_2 + \cdots + x_n) + (a^2 + a^2 + \cdots + a^2)$$

$$= \sum_{i=1}^{n} x_i^2 - 2a \sum_{i=1}^{n} x_i + na^2$$

このとき，a に関する2次関数 $h(a)$ を最小にする a を求めます。a の2次の係数は n と正であるため（na^2 が a の2次の項であり，係数は n である），この2次関数は極小値を持ちます。

$$h(a) = \sum_{i=1}^{n} x_i^2 - 2a \sum_{i=1}^{n} x_i + na^2$$

$$= na^2 - 2a \sum_{i=1}^{n} x_i + \sum_{i=1}^{n} x_i^2$$

$$= n \left(a^2 - 2a \frac{1}{n} \sum_{i=1}^{n} x_i + \frac{1}{n} \sum_{i=1}^{n} x_i^2 \right)$$

$$= n \left\{ \left(a - \frac{1}{n} \sum_{i=1}^{n} x_i \right)^2 - \left(\frac{1}{n} \sum_{i=1}^{n} x_i \right)^2 + \frac{1}{n} \sum_{i=1}^{n} x_i^2 \right\} \qquad \sum_{i=1}^{n} (x_i - \bar{x})^2 = \sum_{i=1}^{n} (x_i^2 - 2x_i \bar{x} - \bar{x}^2)$$

$$= n \left(a - \frac{1}{n} \sum_{i=1}^{n} x_i \right)^2 - n\bar{x}^2 + n \frac{1}{n} \sum_{i=1}^{n} x_i^2 \qquad\qquad = \sum_{i=1}^{n} x_i^2 - 2\bar{x} \sum_{i=1}^{n} x_i - n\bar{x}^2$$

$$= n(a - \bar{x})^2 + \sum_{i=1}^{n} x_i^2 - n\bar{x}^2 \qquad\qquad\qquad = \sum_{i=1}^{n} x_i^2 - 2n\bar{x}^2 - n\bar{x}^2$$

$$= n(a - \bar{x})^2 + \sum_{i=1}^{n} (x_i - \bar{x})^2 \qquad\qquad\qquad = \sum_{i=1}^{n} x_i^2 - n\bar{x}^2$$

$h(a)$ はこのように展開することができますので，$\hat{a} = \bar{x}$ のとき $h(a)$ は最小になります。つまり，$\sum_{i=1}^{n} (x_i - a)^2 \geq \sum_{i=1}^{n} (x_i - \bar{x})^2$ が成り立ちます。また，$h(a)$ を a で微分して0とおいても同様に証明できます。

第8章

標準偏差の活用

この章で学ぶこと

● 相対度数の状況を知ることができるチェビシェフの不等式について学びます。

● 度数分布の拡がりを変動係数によって表現します。

● 標準化により観測値の相対的な位置を把握します。

この章では，第7章で学んだ標準偏差を活用して把握できる3種類の事項について説明します。統計データの状況を把握するときに標準偏差はどのように活用することができるのでしょうか。

クイズ●8　標準偏差とデータの散らばりについて考えよう

　平均値を中心として標準偏差の2倍分の範囲内に，観測値はどのくらい集中しているのでしょうか。言い換えれば，[平均値−2×標準偏差, 平均値＋2×標準偏差] の区間に含まれる相対度数の大きさはどの程度になるのでしょうか。

　例として，観測値と標準偏差の状況を示します。図中の点は観測値であり，区間 [平均値−2×標準偏差, 平均値＋2×標準偏差] もあわせて表現しました。アの状況では，区間内の相対度数は $\frac{9}{10}$ です。また，イの状況では，区間内の相対度数は $\frac{5}{6}$ となります。

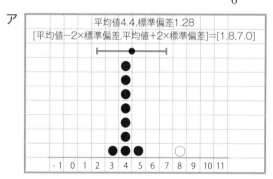

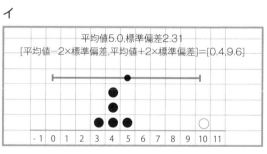

　統計データの大きさを n，平均値を $\bar{x}$，標準偏差を s_x として，$\bar{x}-2s_x \leq x_i \leq \bar{x}+2s_x$ の条件を満たす観測値の個数を m とおきます。このとき，[平均値−2×標準偏差, 平均値＋2×標準偏差] の区間に含まれる相対度数は $\frac{m}{n}$ となります。どのような形状の度数分布においても成り立つ条件は，つぎの A，B，C の条件のうちどれでしょうか（解答は87ページ）。

$$\text{A}: \frac{m}{n} \geq \frac{9}{10} \qquad \text{B}: \frac{m}{n} \geq \frac{3}{4} \qquad \text{C}: \frac{m}{n} \geq \frac{5}{6}$$

どのような度数分布でも成り立つのは B です。［平均値−2×標準偏差，平均値＋2×標準偏差］の区間に含まれる相対度数は $\frac{3}{4}$（＝0.75）以上になります。また，この相対度数は，［平均値−3×標準偏差，平均値＋3×標準偏差］の区間ならば $\frac{8}{9}$（≒0.89）となり，［平均値−4×標準偏差，平均値＋4×標準偏差］の区間ならば $\frac{15}{16}$（≒0.94）となります。これらの状況は，チェビシェフの不等式から導くことができます。

チェビシェフの不等式

Point

□ チェビシェフの不等式により，［平均値−k×標準偏差，平均値＋k×標準偏差］の区間に含まれる相対度数の下限を知ることができる。

□ チェビシェフの不等式は，どのような度数分布に対しても適用可能である。

（1）チェビシェフの不等式からわかること

高校までの数学では，不等式は ≧（大なりイコール），≦（小なりイコール）と表してきましたが，≥ や ≤ も同じ意味をもちます。

条件：$\bar{x}-ks_x \leq x_i \leq \bar{x}+ks_x$（$|x_i-\bar{x}| \leq ks_x$）を満たす観測値の個数を m とおくと，［平均値−k×標準偏差，平均値＋k×標準偏差］の区間に含まれる相対度数は $\frac{m}{n}$ です。このとき，$\frac{m}{n} \geq 1-\frac{1}{k^2}$ が成り立ちます。これをチェビシェフの不等式と呼びます。

［平均値−2×標準偏差，平均値＋2×標準偏差］の区間に含まれる相対度数：
$$1-\frac{1}{k^2}=1-\frac{1}{2^2}=\frac{3}{4} \text{ 以上}$$
［平均値−3×標準偏差，平均値＋3×標準偏差］の区間に含まれる相対度数：
$$1-\frac{1}{k^2}=1-\frac{1}{3^2}=\frac{8}{9} \text{ 以上}$$
［平均値−4×標準偏差，平均値＋4×標準偏差］の区間に含まれる相対度数：
$$1-\frac{1}{k^2}=1-\frac{1}{4^2}=\frac{15}{16} \text{ 以上}$$

チェビシェフはロシアの数学者（1821-94）で，統計学のほか，解析論や確率論にも大きな影響を与えたそうです。

相対度数の総和は 1 になるので，区間の外側にある観測値の相対度数についても把握することができます。たとえば，標準偏差の 2 倍の区間をとれば，その区間外となる観測値の相対度数は $\frac{1}{4}$ を超えることはなく，標準偏差の 3 倍の区間であれば区間外の観測値の相対度数は $\frac{1}{9}$ を超えることはありません。また，どのような度数分布であってもチェビシェフの不等式は成立します。このため，平均値や標準偏差のみしか情報がない場合でも，

おおまかですが，平均値を中心とした標準偏差による区間の内外に含まれる相対度数の状況を知ることができます。

例題 8-1　チェビシェフの不等式の確認

20〜29 歳の移動電話通信料に関する統計データ（第 5 章，第 7 章で利用）の大きさは 8，平均値は 6.85（千円），標準偏差は 4.06（千円）でした。これらを用いてチェビシェフの不等式が成立していることを確認しましょう。標準偏差の 2 倍の区間は $[\bar{x}-2s_x,\ \bar{x}+2s_x]=[6.85-2\times4.06,\ 6.85+2\times4.06]=[-1.27, 14.97]$ となります。この区間の外側に存在する観測値は，$x_{(8)}=15.8$ の 1 つの観測値のみです。このため，区間内の観測値の数は 7（8−1=7）となります。区間内の相対度数 $\frac{7}{8}$ は $\frac{3}{4}$ 以上の値ですので，チェビシェフの不等式は成り立ちます。

（再掲）　表 5-2　無作為抽出した移動電話通信料の統計データ（並べ替え後）

i	1	2	3	4	5	6	7	8
変数 x	$x_{(1)}$	$x_{(2)}$	$x_{(3)}$	$x_{(4)}$	$x_{(5)}$	$x_{(6)}$	$x_{(7)}$	$x_{(8)}$
移動電話通信料（千円）	3.0	3.7	4.1	4.8	5.2	8.0	10.2	15.8

(2) チェビシェフの不等式の導出

ここでは，分散の定義式からチェビシェフの不等式を導き出します。第 7 章で学んだように，分散は平均値からの偏差平方 $(x_i-\bar{x})^2$，$i=1,2,\dots,n$ について平均をとったものです。和は分割して表現することもできますので，観測値の和を区間の内外で 2 つの部分に分けて表現します。

先生，数式が複雑すぎます。これ以上ついていけません！

$$s_x^2=\frac{1}{n}\sum_{i=1}^{n}(x_i-\bar{x})^2$$

$$=\frac{1}{n}\left[\sum_{\{i:|x_i-\bar{x}|\leq ks_x\}}(x_i-\bar{x})^2+\sum_{\{i:|x_i-\bar{x}|>ks_x\}}(x_i-\bar{x})^2\right]$$

区間内の観測値　　　区間外の観測値

数式を意味のまとまりとして理解すれば，見た目ほどむずかしくないですよ。例題 8-1 の数字を代入した式を併記しますから，理解できるまで繰り返し読んでみてください。

このとき，$\{i:|x_i-\bar{x}|\leq ks_x\}$ の記号は，条件：$|x_i-\bar{x}|\leq ks_x$ を満たす観測値のみの和をとるという意味で用いています。このため，右辺第 1 項は区間 $[\bar{x}-ks_x, \bar{x}+ks_x]$ 内に存在する観測値について偏差平方の和を，第 2 項は区間外に存在する観測値について偏差平方の和を計算することになります。つまり，右辺第 1 項では m 個の観測値，第 2 項では $n-m$ 個の観測値に関して偏差平方の和を計算します。例題 8-1 を例にすると，$x_5=15.8$ という 1 個の観測値に関して右辺第 2 項で偏差平方を計算すると考えてください。

偏差平方の和を計算しているため，右辺第 1 項と第 2 項は非負（0 以上の値をとる）です。このため，つぎの不等式が成り立ちます。

$$s_x^2 = \frac{1}{n}\sum_{i=1}^{n}(x_i-\bar{x})^2 \geq \frac{1}{n}\sum_{\{i:|x_i-\bar{x}|>ks_x\}}(x_i-\bar{x})^2$$

$$s_x^2 = \frac{1}{8}\{(5.2-6.85)^2+(4.1-6.85)^2+\cdots$$

$$+ (15.8-6.85)^2+\cdots+(4.8-6.85)^2\} \geq \frac{1}{8}(15.8-6.85)^2$$

> 例題 8-1 の数値を使った計算はこうなります。

条件：$|x_i-\bar{x}|>ks_x$ は平方をとっても（2 乗しても）大小関係はかわりません。数式で表すと，$(x_i-\bar{x})^2>(ks_x)^2$ となります。つまり，条件：$|x_i-\bar{x}|>ks_x$ を満たす観測値は，$(x_i-\bar{x})^2>(ks_x)^2$ の条件もあわせて満たすことになります。したがって，この条件に当てはまる観測値による偏差平方 $(x_i-\bar{x})^2$ は $(ks_x)^2$ よりも大きい値をとることがわかります。また，条件：$|x_i-\bar{x}|>ks_x$ を満たす観測値の数は $n-m$ ですので，和の部分は $(ks_x)^2$ が $(n-m)$ 個分あることになります。

$$s_x^2 \geq \frac{1}{n}\sum_{\{i:|x_i-\bar{x}|>kS_x\}}(x_i-\bar{x})^2 > \frac{1}{n}\sum_{\{i:|x_i-\bar{x}|>kS_x\}}(ks_x)^2 = \frac{n-m}{n}(ks_x)^2$$

$$s_x^2 \geq \frac{1}{8}(15.8-6.85)^2 \quad \left(=\frac{1}{8}(8.95)^2\right)$$

$$> \frac{8-7}{8}(2\times4.06)^2 \quad \left(=\frac{1}{8}(8.12)^2\right)$$

> 例題 8-1 の数値を使った計算はこうなります。

$(ks_x)^2$ を左辺に移項して，

$$\frac{s_x^2}{k^2 s_x^2} > \frac{n-m}{n}$$

$$\frac{1}{k^2} > 1-\frac{m}{n}$$

$$\frac{(4.06)^2}{4\times(4.06)^2} > 1-\frac{7}{8}$$

$$\frac{1}{4} > 1-\frac{7}{8}$$

> 例題 8-1 の数値を使った計算はこうなります。

代入式は理解できましたか？
数式に苦手意識を持たずに取り組んでみてくださいね。

続いて，$-\frac{m}{n}$ と $\frac{1}{k^2}$ をそれぞれ移項して

$$\frac{m}{n} > 1-\frac{1}{k^2}$$

$$\frac{7}{8} > 1-\frac{1}{4} = \frac{3}{4}$$

となります。このようにして，条件：$\bar{x}-ks_x \leq x_i \leq \bar{x}+ks_x (|x_i-\bar{x}| \leq ks_x)$ を満たす観測値の個数を m とおくと，$\dfrac{m}{n} \geq 1-\dfrac{1}{k^2}$ が成り立ちます。

変動係数

Point

☐ 変動係数は分布の拡がりを表現する統計量である。

☐ 変動係数＝標準偏差 ÷ 平均値

☐ 変動係数は，すべての観測値が正の値をとる変数においてのみ意味をもつ。

(1) 変動係数の定義

比例尺度の見分け方は第2章にありましたね。

正の値をとり，かつ比例尺度（絶対的な 0 が存在する（第 2 章参照））に分類される統計データは，平均値が大きい値をとるほど，標準偏差も大きい値をとります。たとえば，第 7 章の問題 7-1 において，1 分間の脈拍数の平均値は 74.4，標準偏差は 5.43 でした。一方，第 7 章の確認テストにおいて，10 分間の脈拍数の平均値は 740，標準偏差は 54.25 でした。10 分間の脈拍数に関する標準偏差は 1 分間の脈拍数における標準偏差の約 10 倍であり，散らばりも約 10 倍であると言えるのでしょうか。

このようなときに分布の拡がりを把握する統計量として変動係数（coefficient of variation）があります。変動係数 $C.V.$ の定義は以下のとおりで，散らばりの統計量である標準偏差を平均値で割ります。

$$C.V.=\frac{s_x}{\bar{x}}$$

第 7 章における脈拍数の例では，変動係数はどちらも 0.073 となり，分布の拡がりは同様であるということがわかります。また，変動係数は比として表現される統計量であるため，すべての観測値が正の値をとる比例尺度のときに意味をもつことに気をつけなければなりません。すべての観測値が正の値をとるときには，間隔尺度への適用も問題ありません。

<1 分間の脈拍数>

$$C.V.=\frac{5.43}{74.4}=0.073$$

<10 分間の脈拍数>

$$C.V.=\frac{54.25}{740}=0.073$$

例題 **8-2** 　**男性における身長分布の拡がり**

　男性の 5 歳から 17 歳までの身長に関する平均値と標準偏差は表 8-1 のとおりです。身長の平均値は年齢に伴い高くなっています。標準偏差を年齢別にそのまま比べると，5 歳では 4.87，17 歳では 5.90 であるため 17 歳の方が身長の散らばりが大きいと言えるのでしょうか。

　表 8-2 に変動係数を含めた統計表を示します。5 歳の身長の平均値は 111.0 cm，標準偏差は 4.87 cm ということから，変動係数は 4.87÷111.0＝0.04387 ≈0.044 と計算することができます。表 8-2 によると，5 歳の変動係数 0.044 と比べて，17 歳の変動係数は 0.035 です。このため，17 歳のときよりも 5 歳のときの方が身長の散らばりが大きいと言えます。また，変動係数の値が最も大きいのは 12 歳のときの 0.052 です。この年齢は第 2 次性徴の時期と一致します。ただし，第 2 次性徴の時期は個人によって早かったり遅かったりと差があります。男性において成長の差が大きい時期である 12 歳前後の身長の散らばりが最も大きいことは納得できる結果です。

表 8-1　男性　年齢別　身長の平均値，標準偏差

年齢	5 歳	6 歳	7 歳	8 歳	9 歳	10 歳	11 歳	12 歳	13 歳	14 歳	15 歳	16 歳	17 歳
平均値(cm)	111.0	116.7	122.6	128.3	133.8	139.3	145.9	153.6	160.6	165.7	168.6	169.8	170.8
標準偏差(cm)	4.87	4.92	5.22	5.48	5.76	6.37	7.27	7.94	7.34	6.47	5.93	5.88	5.90

注：年齢は令和 3 年 4 月 1 日現在の満年齢である．
資料：令和 3 年度学校保健統計（文部科学省）

表 8-2　男性　年齢別　身長の平均値，標準偏差，変動係数

年齢	5 歳	6 歳	7 歳	8 歳	9 歳	10 歳	11 歳	12 歳	13 歳	14 歳	15 歳	16 歳	17 歳
平均値(cm)	111.0	116.7	122.6	128.3	133.8	139.3	145.9	153.6	160.6	165.7	168.6	169.8	170.8
標準偏差(cm)	4.87	4.92	5.22	5.48	5.76	6.37	7.27	7.94	7.34	6.47	5.93	5.88	5.90
変動係数	0.044	0.042	0.043	0.043	0.043	0.046	0.050	0.052	0.046	0.039	0.035	0.035	0.035

注：年齢は令和 3 年 4 月 1 日現在の満年齢である．
資料：令和 3 年度学校保健統計（文部科学省）

≒（ほぼ等しい）と ≈ は同じ意味です。

Q 問題 **8-1**　**女性における身長分布の拡がり**

　　例題 8-2 では，男性の身長は 12 歳のときに身長の散らばりが最も大きいことがわかりました。ここでは，女性の身長について変動係数の統計値を計算します。表 8-3 の空欄における変動係数をすべて計算して，身長の散らばりが相対的に最も大きい年齢を指摘してください。　　　　　　　　（解答は p.152）

表 8-3　女性　年齢別　身長の平均値，標準偏差，変動係数

年齢	5歳	6歳	7歳	8歳	9歳	10歳	11歳	12歳	13歳	14歳	15歳	16歳	17歳
平均値（cm）	110.1	115.8	121.8	127.6	134.1	140.9	147.3	152.1	155.0	156.5	157.3	157.7	158.0
標準偏差（cm）	4.86	4.98	5.22	5.68	6.40	6.83	6.47	5.78	5.35	5.34	5.36	5.46	5.39
変動係数	0.044	0.043	0.043	0.045	0.048			0.038	0.035	0.034	0.034	0.035	0.034

注：年齢は令和 3 年 4 月 1 日現在の満年齢である．
資料：令和 3 年度学校保健統計（文部科学省）

column

外れ値 (Outlier)

　　他の観測値から離れた観測値を外れ値と呼びます。外れ値は標準偏差に強い影響を及ぼします。たとえば，外れ値が存在することによって標準偏差の値は大きくなります。下の左の図（クイズで示した状況）には，外れ値が 1 つあります。右の図は，この外れ値を除外したものです。外れ値を 1 つ除外することにより，標準偏差は 1.28 から 0.47 へと変化します。これにともない，変動係数も 0.29 から 0.12 へと変化します。このように，外れ値が含まれることによって変動係数の値は大きく異なります。変動係数を用いて分布の拡がりを判断するときには，外れ値の存在を把握しておく必要があります。ただし，外れ値にも意味のある場合がありますので，該当する観測値を外れ値として単純に除外することのないようにしましょう。なお，外れ値が存在したとしても，チェビシェフの不等式は必ず成立します。

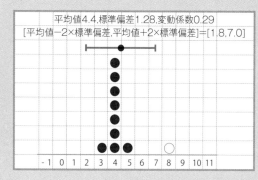

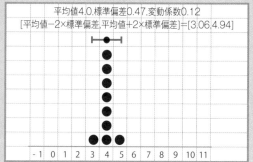

左の図：平均値4.4,標準偏差1.28,変動係数0.29　[平均値−2×標準偏差,平均値＋2×標準偏差]＝[1.8,7.0]

右の図：平均値4.0,標準偏差0.47,変動係数0.12　[平均値−2×標準偏差,平均値＋2×標準偏差]＝[3.06,4.94]

(2) 変動係数を用いる際の注意

変動係数を用いる際には，すべての観測値が正の値であることを確認する必要があります。また，変動係数の値は，同じ変数においてのみ比較することができます。表 8-4 に，男性の 9 歳から 13 歳までの身長と体重に関する変動係数を示します。これによると，男性 9 歳における身長の変動係数は 0.042 であり，体重の変動係数は 0.205 と，身長の変動係数に比べて約 5 倍の値です。しかし，体重の分布の拡がりは身長のそれに比べて約 5 倍であるとは言いません。体重の変動係数をみると，体重の散らばりが最も大きい時期は 11 歳〜12 歳であることがわかります。

Point

変動係数を用いる際の注意点

☐ すべての観測値が正の値をとること。

☐ 変動係数の値は同じ変数において比較をすること。

表 8-4　男性　9 歳から 13 歳までの年齢別　身長と体重の平均値，標準偏差，変動係数

年齢		9 歳	10 歳	11 歳	12 歳	13 歳
身長	平均値（cm）	133.5	139.0	145.0	152.8	160.0
	標準偏差（cm）	5.66	6.09	7.12	8.00	7.65
	変動係数	0.042	0.044	0.049	0.052	0.048
体重	平均値（kg）	30.5	34.2	38.2	44.0	49.0
	標準偏差（kg）	6.26	7.22	8.35	9.62	9.83
	変動係数	0.205	0.211	0.219	0.219	0.201

注：年齢は令和 3 年 4 月 1 日現在の満年齢である．
資料：令和 3 年度学校保健統計（文部科学省）

標準化

Point

☐ 標準化により，統計データ内での観測値の相対的な位置がわかる。

☐ 標準化した変数＝（元の変数−元の変数における平均値）÷ 元の変数における標準偏差

☐ 標準化した変数の平均値は 0，標準偏差は 1 である。

☐ 偏差値は，試験などの素点を標準化した値に 10 を乗じて 50 を足した値である。

(1) 標準化という変数変換

統計データとして，四半期に1回行われる資格試験の点数を考えます。このとき，統計データの組は1年間で4組存在することになります。資格試験の難易度は問題によって異なるため，それぞれの組における点数をそのまま比較することはできません。つまり，毎回の試験の得点を比較しても受験者内での相対的な位置を比較することは困難です。そこで，点数を標準化して比較可能な値に変換することを考えます。

変数 x の平均値を $\bar{x}$，標準偏差を s_x として，新しい変数 z を，

$$z = \frac{x - \bar{x}}{s_x}$$

と定義します。この変換を変数の標準化と言います。

統計データは，$z_i = \dfrac{x_i - \bar{x}}{s_x}$ と変換します。

(2) 標準化した変数の平均値と分散

標準化した変数 z の平均値は 0，標準偏差は 1 となります。標準化することにより，平均値と標準偏差が統一されるため，標準化した値に基づいて統計データ内での観測値の相対的な位置を知ることができます。

$$
\begin{aligned}
\bar{z} &= \frac{1}{n}\sum_{i=1}^{n} z_i \\
&= \frac{1}{n}\sum_{i=1}^{n} \frac{x_i - \bar{x}}{s_x} \\
&= \frac{1}{ns_x}\sum_{i=1}^{n}(x_i - \bar{x}) \\
&= 0 \qquad \text{平均値の性質 } \sum_{i=1}^{n}(x_i - \bar{x}) = 0 \\
s_z^2 &= \frac{1}{n}\sum_{i=1}^{n}(z_i - \bar{z})^2 \\
&= \frac{1}{n}\sum_{i=1}^{n}\left(\frac{x_i - \bar{x}}{s_x} - 0\right)^2 \\
&= \frac{1}{ns_x^2}\sum_{i=1}^{n}(x_i - \bar{x})^2 \\
&= \frac{1}{s_x^2}\frac{1}{n}\sum_{i=1}^{n}(x_i - \bar{x})^2 \\
&= \frac{1}{s_x^2}s_x^2 \qquad \text{分散の定義式 } s_x^2 = \frac{1}{n}\sum_{i=1}^{n}(x_i - \bar{x})^2 \\
&= 1
\end{aligned}
$$

例題 **8-3**

標準化による相対的な位置

　ある男性は 13 歳のときに身長が 165.0 cm であり，17 歳では 175.0 cm でした。この男性の 13 歳時点と 17 歳時点における身長の高さに関して，男性全体における相対的な位置を知りたいものとします。この男性は令和 3 年 4 月時点で 17 歳です。

　平成 29 年における男性 13 歳の身長の平均値は 160.0 cm，標準偏差は 7.65 です（平成 29 年学校保健統計）。13 歳の男性において観測値 165.0 cm を標準化すると，$(165.0-160.0)\div7.65=0.6535\approx0.65$ となります。また，令和 3 年における男性 17 歳の身長の平均値は 170.8，標準偏差は 5.90 であることから，17 歳の男性において観測値 175.0 cm を標準化すると，$(175.0-170.8)\div5.90=0.7118\approx0.71$ となります。0.71 は 0.65 よりも大きいため，この男性は 17 歳時点の方が，若干ですが相対的に身長が高いと言えます。

(3) 司法試験第二次試験の論文式試験における採点格差の調整

　司法試験では，論文式試験の採点調整に標準化を用いています。試験は 1 点の違いにより合否が異なります。たとえば，科目の難易度が異なっているとか，考査委員の採点の癖（点差を大きくつける採点を行うなど）によって格差が生じ，合否に影響を及ぼす可能性があります。論文式試験では，このような格差を調整するため，最終的な得点算出に標準化を用いています。

　論文式試験は 6 科目の合計点で合否を決めます。各科目 2 つの問題があり，それぞれ 40 点満点です。この平均点が各科目の得点となります（表 8-5 参照）。採点方針は表 8-6 のとおりに定められています（「司法試験第二次試験の合否判定等に関する情報」司法試験管理委員会）。また，外れ値が生じないように，分布の目安として採点の割合も指定されています。たとえば，30 点以上の優秀と認められる答案は 5% 程度という目安が示されています。

表 8-5　司法試験論文試験の概要

(1)	6 科目の得点の合計をもって合否の決定を行う。
(2)	1 科目の得点は 2 つの問題（1 問 40 点満点）の平均点とする。
(3)	得点が 10 点に満たない科目がある場合，不合格とする。

表 8-6　論文式試験における採点方針と分布の目安

点数	採点方針	分布の目安
35 点〜40 点	抜群に優れた答案	5%程度
30 点〜35 点	優秀と認められる答案	
25 点〜29 点	良好な水準に達していると認められる答案	30%程度
20 点〜24 点	一応の水準に達していると認められる答案	40%程度
10 点〜19 点	上記以外の答案	25%程度
1 点〜9 点	特に不良であると認められる答案	
0 点	白紙答案	

資料:「司法試験第二次試験の合否判定等に関する情報」(司法試験管理委員会)

　採点方針や分布の目安は詳細に定められています(表 8-6 参照)。しかし,司法試験の受験者数は多いため,問題ごとの難易度の違いや考査委員による採点の偏りによって点数に格差が生じる可能性があります。そこで,以下のような採点調整を行うことになっています。

〈論文式試験　採点格差調整の方法〉

受験者 i の科目 j に関する採点(考査委員 k が採点担当)　　x_{ijk}
考査委員 k が採点した全答案の平均点と標準偏差　　$\bar{x}_k,\ s_k$
全科目全答案の平均点　　$\bar{x}$
採点調整後の受験者 i の科目 j の得点　　x_{ijk}^{*}

$$x_{ijk}^{*}=\frac{x_{ijk}-\bar{x}_k}{s_k}\times 4+\bar{x}$$

　受験者の得点は,考査委員によって標準化した得点に 4 を乗じて,全科目全答案の平均点を足して計算します。たとえば,担当した考査委員が採点した答案の平均点から標準偏差 1 つ分だけ高い採点であった答案は,全科目全答案の平均点に 4 点を足された得点となります。この採点格差調整の方法では,考査委員や問題によって,採点結果が全体的に高めになったか,あるいは低めになったかに関する格差をなくすことができます。また,考査委員や問題によって,評価の幅が広くなったか狭くなったかの格差もなくなります。

　標準化による採点格差調整におけるポイントは,分布の目安を定めた点にあります。分布の目安を示しているため,考査委員によって採点の分布が大きく異ならないようになり,標準化による採点格差調整を適用可能にしています。もし採点の分布が考査委員によって大きく異なる場合には,この採点格差調整の方法を用いることはできません。

実際には,標本不偏分散による計算を実施していますが,本書では推測統計学を扱っていないため,標本不偏分散による説明をしていません。考査委員が担当する答案が多い場合には,本書における分散と大きな違いはありません。

講 義 の ま と め

❶ 標準偏差の活用として，チェビシェフの不等式，変動係数，標準化について学びました。

❷ チェビシェフの不等式は，［平均値$-k\times$標準偏差，平均値$+k\times$標準偏差］の区間に含まれる相対度数の下限$\left(1-\dfrac{1}{k^2}\right)$を知ることができます。この不等式はどのような形状の度数分布に対しても適用することができます。

❸ 変動係数は分布の拡がりを，標準化は観測値の相対的な位置を知ることができます。

❹ 統計データに外れ値が存在せず，統計データの度数分布が左右対称の単峰の分布である場合，変動係数や標準化は意味をもちます。それゆえ，変動係数や標準化を用いる際には外れ値や度数分布の形状について確認する必要があります。

❺ すべての観測値が正の値をとる場合，変動係数を用いることができます。また，変動係数の値は同じ変数においてのみ比較が可能です。

確認テスト

下表に，統計データの状況として 3 つの状況（a, b, c）を示しました。これらの状況下において，チェビシェフの不等式や変動係数，標準化を適用することはできるのでしょうか。まったく問題なく適用できる場合は○を，適用に問題が生じる可能性が少しでもある場合には×を記入してください。

(解答は p.152)

統計データの状況	チェビシェフの不等式	変動係数	標準化
a いくつかの観測値が負の値をとる。			
b 度数分布が左右対称ではない。			
c 統計データ内に外れ値が存在する。			

○：適用可能，×：適用に問題が生じる可能性あり

第9章 散らばりのグラフ表現

第 9 章

この章で学ぶこと

● 統計データの散らばりを表現する四分位範囲について学びます。

● 統計データの散らばりをグラフで表現する箱ひげ図の作成方法を習得します。

この章では統計データに基づいた散らばりのグラフ表現について学びます。第 7 章と第 8 章で学んだ標準偏差が平均値に対応した散らばりの統計量であるのに対して，この章で学ぶ統計量やグラフは中央値に対応しています。

クイズ ●9　相対的貧困率とは？

　相対的にみた貧困者の占める比率（以下，相対的貧困率と記述します）は，物価の上昇などにより貨幣価値が変化しても適用可能な定義である必要があります。ここでは，可処分所得（所得から直接税や社会保険料を引いたもの）に基づいて相対的貧困率を定義してみましょう。以下の A〜D の定義のなかから適切であると考えられるものを選んでください。なお，可処分所得や等価可処分所得*の度数分布は左右対称の分布にはならないことが一般的です。

> A：等価可処分所得が 1 日当たり 1,000 円未満の世帯における世帯人員計÷総人口
>
> B：等価可処分所得の平均値から標準偏差 1 つ分だけ低い値に満たない世帯における世帯人員計÷総人口
>
> C：世帯の可処分所得の中央値の半分に満たない世帯数÷総世帯数
>
> D：等価可処分所得の中央値の半分に満たない世帯における世帯人員計÷総人口

ヒント：所得がきわめて高い世帯（例えば 10 億円/年）の観測値が統計データ内に存在することによって相対的貧困率の値に影響が及ばないような定義を選んでください。解答は 100 ページ。

＊等価可処分所得

　等価可処分所得とは，世帯における世帯人員の差を調整するため，世帯の可処分所得を世帯人員の平方根で割った値です。たとえば，世帯の可処分所得が 500 万円の場合，等価可処分所得は，単身世帯のとき 500 万円，2 人世帯のとき 354 万円（500÷$\sqrt{2}$＝354），4 人世帯のとき 250 万円（500÷$\sqrt{4}$＝250）となります。住宅関連の費用や水道・光熱費などは世帯全体での消費支出です。これらは世帯人員が多くなるにつれて，一人当たりの支出額が低くなります。このような状況を考慮して，世帯人員をそのまま分母にするのではなく，世帯人員の平方根で可処分所得を除した値を世帯人員の差を調整した可処分所得（等価可処分所得）として用います。

散らばりを表現する四分位範囲

Point

☐ 四分位範囲は散らばりの統計量である。

☐ 標準偏差（第7章，第8章）は平均値に対応し，四分位範囲は中央値に対応する。

(1) 平均値に対応する標準偏差

標準偏差は，その定義（$s_x=\sqrt{\frac{1}{n}\sum_{i=1}^{n}(x_i-\bar{x})^2}$）からわかるように，中心の位置を平均値と考えた「散らばりの統計量」です。また，標準偏差は散らばりを測る統計データに対してただ1つの値が得られます。このため，標準偏差をグラフ上に表現するときには，度数分布が左右対称であることが前提となります。

それでは，左右対称でない度数分布となる統計データに対して，どのように散らばりを表現したらよいのでしょうか。

(2) 中央値に対応する四分位範囲

ここで，第5章で学んだ中央値の考え方を活用します。中央値は，統計データを大きさの順に並べて，ちょうど真ん中の位置の値であり，相対度数が0.50の位置に存在している値です。このため，中央値を境にすると，統計データは大きさの等しい2つのグループに分けることができます。この2つのグループそれぞれにおいてさらに中央値を求めます。中央値が相対度数0.50の位置に存在するため，中央値を50％点と表すと，値の低いグループの中央値は25％点，値の高いグループの中央値は75％点と考えることができます。これらの値により，統計データは4つのグループに分けることができるため，これらの値を四分位数（四分位点，四分位値と言うこともあります）と呼び，25％点は第一四分位数，50％点は第二四分位数，75％

column

相対的貧困率

相対的貧困率（クイズDの定義）に基づいたわが国の相対的貧困率は，国民生活基礎調査（厚生労働省）の統計データから計算され，2006年（調査年）の相対的貧困率は15.7％でした。具体的には，世帯の等価可処分所得が中央値（254万円）の半分（127万円）未満となる世帯に含まれる人（全体の15.7％）が相対的貧困者に該当しました。わが国はOECD加盟国のなかでは相対的貧困率が高い国家群に分類されています。西欧諸国の大半は相対的貧困率が10％以下であり，最も低い値となるスウェーデンやデンマークでは5％程度です。

点は第三四分位数とします。そして，75％点と 25％点の差を四分位範囲と呼びます。この四分位範囲は標準偏差と同様に散らばりを表す統計量であり，その考え方は中央値に対応しています。

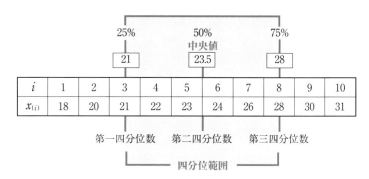

これら四分位数の求め方は，線形補間（観測値の間を補った値を計算する）の方法によって値が異なることがあります。たとえば，表計算ソフトウェア（Microsoft Excel など）では，観測値の数が割り切れない場合に線形補間を行って四分位数を求めています。線形補間の方法は複雑な内容であるため，説明は省略します。

クイズ 9 の解答 ▶ D

A の定義は，1,000 円の価値が変化した場合には適用において問題が生じます。また，B の定義は，標準偏差を用いているため，等価可処分所得が極端に高い世帯が含まれた場合，その世帯の影響を強く受けてしまいます。C の定義は世帯における世帯人員の差を考慮していません。このように，適用に問題のある定義を消去していくと，選択する定義は D となります。D の定義は OECD の定めた相対的貧困率の定義です。また，D の定義は中央値を中心の位置とした定義です。

例題 9-1

四分位範囲の求め方

　例題 5-2 における単身勤労者世帯（30 歳未満の男性）の年間収入に関する統計データを用いて，四分位範囲を求めます。男性は 23 人，年間収入の平均値は 355 万円，中央値は 370 万円です（61 ページ表 5-6 参照）。図 9-1 に表すように，中央値は 12 番目の大きさの観測値である 370 万円であり，この観測値を含めて，2 つのグループを作成します。2 つのグループ（大きさは 12（偶数））の中央値は，それぞれ 275 万円（第一四分位数）と 423.5 万円（第三四分位数）になり，その差 148.5 万円（423.5−275.0＝148.5）が四分位範囲です。

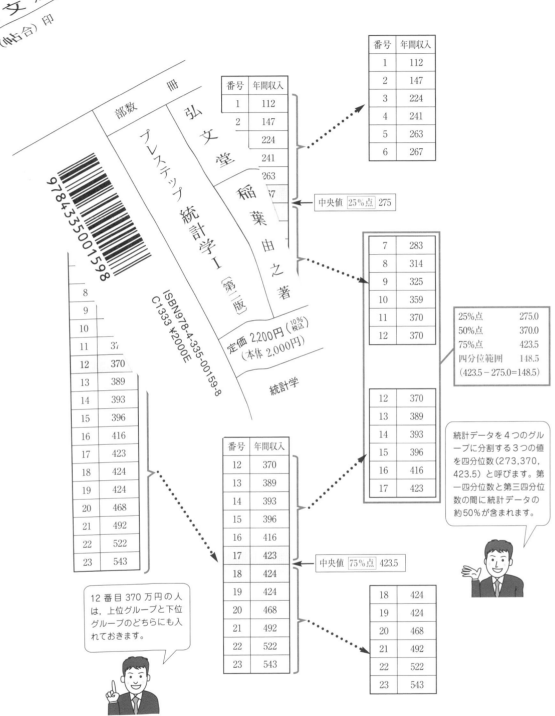

注：2017 年文部科学省「中学校学習指導要領」では，四分位数の求め方として異なる方法を提示しています。その方法では，12 番目の 370 万円の人を上位グループと下位グループのどちらにも入れないで値を求めます。この方法に従うと，25%点と 75%点の求め方が異なることになります。25%点を求めるためには，番号 12 の観測値を含めずに，番号 1 から 11 までの 11 個の観測値を用いて 25%点を 267 とします。同様にして，75%点は番号 13 から 23 までの 11 個の観測値を用いて 75%点を 424 とします。このように，四分位数には異なる定義が存在しています。

図 9-1 四分位範囲の求め方

問題 9-1

単身勤労者世帯（30歳未満の女性）の年間収入に関する四分位範囲

例題5-3における単身勤労者世帯（30歳未満の女性）の年間収入に関する
統計データを用いて，四分位範囲を求めましょう。13人の女性の統計データ
は図9-2に示すとおりです。 （解答はp.152）

番号	年間収入
1	123
2	187
3	188
4	253
5	261
6	263
7	267
8	298
9	346
10	350
11	360
12	413
13	487

番号	年間収入
1	
2	
3	
4	
5	
6	
7	

番号	年間収入
7	
8	
9	
10	
11	
12	
13	

図9-2　単身勤労者世帯（30歳未満の女性）の年間収入に関する統計データ

箱ひげ図の作成方法

Point

☐ 箱ひげ図は統計データの散らばりをグラフに表現したものである。

☐ 箱ひげ図は3つの四分位数と統計データに基づいて作成する。

☐ 箱ひげ図を観察することにより，外れ値の存在を確認できる。

第3章の確認テストに用いた単身世帯の移動電話通信料における20代の
統計データを例として，箱ひげ図（box-and-whisker plot）の作成方法につ
いて説明します。

(1) 箱を描く

まず，統計データの値に対応した数直線を描きます。数直線が縦方向の場合には，**第一四分位数を下端（底）**に，**第三四分位数を上端（天井）**にした箱を描きます。そして，**中央値の位置に箱を2分割するような直線を引きます**。箱の長さは四分位範囲を表しているため，統計データの約50%が存在する範囲を表現しています。

（万円）
2.2
2.0
1.8
1.6
1.4
1.2
1.0
0.8
0.6
0.4
0.2
0.0

第三四分位数
9,800 円

中央値
6,800 円

第一四分位数
4,700 円

単身世帯（20代）の移動電話通信料の第一四分位数は4,700円，第三四分位数は9,800円，中央値は6,800円です。また，四分位範囲は5,100円となります。移動電話通信料の統計データについては第3章の確認テスト（図3-5）を参照してください。

(2) ひげを描く

つぎの計算を行います。

（第一四分位数）−（四分位範囲×1.5）

（第三四分位数）＋（四分位範囲×1.5）

先ほど描いた箱の上端や下端から，（四分位範囲×1.5）だけ離れた範囲内で中央値から最も離れた観測値まで直線（破線で描く場合もあります）を描きます。これを「ひげ」と呼びます。ここでの注意は，（四分位範囲×1.5）だけ離れた値まで直線をひくのではなく，**この範囲内の観測値まで直線をひく**という点です。

このようなひげの描き方のほか，最大値や最小値までひげを描く方法などがあります。

（万円）
2.2
2.0
1.8
1.6
1.4
1.2
1.0
0.8
0.6
0.4
0.2
0.0

計算では17,450
→16,600 円（観測値）

計算では−2,950
→0 円（観測値）

単身世帯（20代）の移動電話通信料の場合，
〔（第一四分位数）−（四分位範囲×1.5），
（第三四分位数）＋（四分位範囲×1.5）〕
＝〔4,700−1.5×5,100, 9,800＋1.5×5,100〕
＝〔−2,950, 17,450〕
となります。この範囲内で中央値から最も離れた観測値は，0円と16,600円ですので，この観測値の値まで直線を描きます。

(3) 外れ値を描く

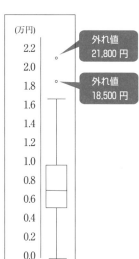

外れ値
21,800 円

外れ値
18,500 円

ひげの範囲内に含まれなかった観測値に関して，○や×などを用いて位置を示します。これにより，定義した範囲内〔（第一四分位数）−（四分位範囲×1.5），（第三四分位数）−（四分位範囲×1.5）〕に含まれない観測値を外れ値として考えるならば，外れ値の状況を表すことができます。すべての観測値がひげの範囲内に含まれる場合，この定義における外れ値は存在しないことになります。

単身世帯（20 代）の移動電話通信料の場合，範囲に含まれない観測値は，18,500 円と 21,800 円ですので，これらを図にプロットします。箱ひげ図の定義では，これら 2 つの観測値が外れ値となります。箱ひげ図におけるひげの描き方には，ここで紹介した方法のほかにいくつかの異なる方法があります。

例題 9-2　**年齢 10 歳階級別　移動電話通信料に関する箱ひげ図の作成**

　箱ひげ図の作成方法の例では，20 代の移動電話通信料に関して箱ひげ図を作成しました。ここでは 30 代と 40 代についても同様に箱ひげ図を作成します。表 9-1 に箱ひげ図作成に必要な情報を示します。これらに基づいて作成した箱ひげ図は図 9-3 の通りです。図 9-3 によると，中央値は，20 代，30 代，40 代と年齢層が上がるにつれて低い値になるものの，第三四分位数の位置は大きく変わりません。移動電話通信料の分布は，ひげや外れ値の状況から，高い額の方に裾が長い分布であることがわかります。

表 9-1　年齢 10 歳階級別移動電話通信料に関する箱ひげ図作成に必要な情報

（円）		20〜29 歳	30〜39 歳	40〜49 歳
四分位数	25％点　　　第一四分位数	4,700	3,900	2,725
	50％点　　　中央値	6,800	6,400	4,750
	75％点　　　第三四分位数	9,800	9,800	9,025
	四分位範囲（75％点−25％点）	5,100	5,900	6,300
範囲の計算	第三四分位数＋1.5×四分位範囲	17,450	18,650	18,475
	第一四分位数−1.5×四分位範囲	−2,950	−4,950	−6,725
ひげの範囲	範囲内で最大の観測値	16,600	15,100	16,700
	範囲内で最小の観測値	0	0	0
外れ値	範囲外の観測値	18,500	19,700	19,300
		21,800	20,600	
			22,600	

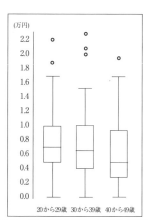

図 9-3　単身世帯（20〜49 歳）年齢 10 歳階級別　移動電話通信料に関する箱ひげ図

講義のまとめ

1 平均値を中心の位置の統計量として用いるときは，散らばりの統計量として標準偏差を使います。一方，中央値を中心の位置の統計量として用いるときには，散らばりの統計量として四分位範囲を使います。

2 標準偏差をグラフ表現に用いるときは，度数分布が左右対称であることを前提としています。

3 度数分布が左右対称であることを前提にできない場合，標準偏差によるグラフ表現よりも箱ひげ図の方が散らばりを表現するのに適切です。

4 ただし，左右対称の分布に対して，標準偏差は重要な統計量となります。なぜ，標準偏差が統計学において重要な統計量であるのかについては，『プレステップ統計学Ⅱ』で学びます。

column

幹葉表示と箱ひげ図

幹葉表示（第3章確認テストの図3-5（38ページ））と箱ひげ図（図9-3）を比べてみましょう。どちらの表現がわかりやすいでしょうか。それぞれの表現には良い点があります。幹葉表示では，分布の山や分布形状と観測値をすぐに把握することができます。一方，箱ひげ図では，四分位数と四分位範囲をすぐに把握できますので，移動電話通信料の散らばり具合が一目瞭然です。また，箱ひげ図は統計データの大きさ n が大きくても表現できます。

1,000の位	100の位	1,000の位	100の位	1,000の位	100の位
22		22	2	22	
21	8	21		21	
20		20	6	20	
19		19	7	19	3
18	5	18		18	
17		17		17	
16	6	16		16	7
15	8	15	1	15	
14		14		14	
13	1	13	3	13	
12	4	12	7	12	0 6
11	0 7	11		11	
10	2 5	10	0 5	10	3 8
9	4 8 8	9	0 8	9	
8	0 2 6	8	5 6	8	6
7	0 6 8 9	7	1 2	7	
6	1 1 7 8	6	4 6 9	6	1 7
5	2 3 4 9	5	3 7 7	5	2 5
4	1 4 7 7 8	4	0 2 2 6	4	6 7 8
3	0 3 7	3	0 4	3	0 0
2	5 8	2	1 4 7	2	5 8
1	0 0	1	9	1	
0	0 0	0	0 0	0	0 0 0 0

幹葉表示

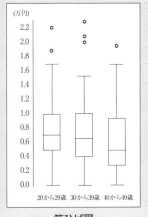

箱ひげ図

問題 9-2 単身勤労者世帯（30 歳未満）の年間収入に関する箱ひげ図の作成

例題 9-1 と問題 9-1 で用いた単身勤労者世帯（30 歳未満）の年間収入について，男女別に箱ひげ図を作成してください。まず，表 9-2 の空欄を埋めて，図 9-4 上に箱ひげ図を横方向に作成します。統計データは図 9-1（男性）と図 9-2（女性）を参照してください。

（解答は p. 152）

表 9-2　男女別年間収入に関する箱ひげ図作成に必要な情報

（万円）			男性	女性
四分位数	25％点	第一四分位数	275	253
	50％点	中央値	370	267
	75％点	第三四分位数	423.5	350
	四分位範囲（75％点−25％点）		148.5	97.0
範囲の計算	第一四分位数−1.5×四分位範囲			
	第三四分位数＋1.5×四分位範囲			
ひげの範囲	範囲内で最小の観測値			
	範囲内で最大の観測値			
外れ値	範囲外の観測値			

注：範囲外の観測値がない場合「—」と記入する。

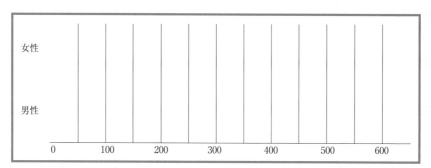

図 9-4　単身勤労者世帯（30 歳未満）　男女別　年間収入に関する箱ひげ図

確認テスト

散らばりを表現する方法には，分散や標準偏差を計算することのほかに，四分位範囲や箱ひげ図を示すことがあることを学びました。それぞれの表現方法は，統計データがどのようなときに適切であると言えるのでしょうか。下表に，統計データの状況として 2 つの状況（a，b）を示しました。これらの状況において，まったく問題なく適用できる場合は○を，適用に問題が生じる可能性が少しでもある場合には×を記入してください。

（解答は p. 153）

統計データの状況		分散や標準偏差	四分位範囲や箱ひげ図
a	度数分布が左右対称ではない。		
b	統計データ内に外れ値が存在する。		

○：適用可能、×：適用に問題が生じる可能性あり

第10章 2 変数の関連性

この章で学ぶこと

● 2変数の関連性を測る統計量である共分散や相関係数について学びます。

● 標準化した2変数の共分散は相関係数になることを理解します。

● 相関係数は線形の相関関係を測ることができます。

第5章から第9章までは，平均値や変化率，標準偏差といった1変数の統計量について学びました。この章では，2変数の関連性を測る統計量である共分散や相関係数について学びます。

クイズ ● 10 2つの変数の相関関係が強いのはどれ？

2変数の関連性を相関関係と呼びます。2つの変数 x と y において，x が増加するときに y も増加するような傾向がある場合は，正の相関関係があると言います。一方，x が増加するときに y は減少するような傾向がある場合は，負の相関関係があると言います。このような正負の相関関係がない場合は，相関関係がない（無相関）と言います。

それでは，相関関係の強さはどのように判断すればよいのでしょうか。以下の3つの図 A，B，C のうち，最も強い相関関係が見られるのはどの図であると思いますか？ あなたが感じたことで構いませんので，3つのなかから選んでください。

A

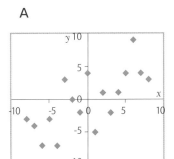

B

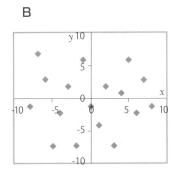

C

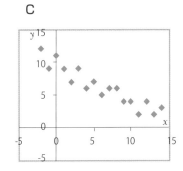

ヒント：x の値を代入すれば y の値がすぐに求まるような関係に近い方が強い相関関係であると言えます。解答は111ページです。

2つの変数の関連性をどのように測るか

Point

☐ 散布図は2変数の関連性を示すグラフ表現である。

☐ 共分散は2変数の関連性を測る統計量である。

☐ 2つの変数がともに量的データのときに共分散を計算することができる。

(1) 散布図で2変数の関連性を観察する

2つの変数がどちらも量的データの場合には、縦軸と横軸に2つの変数を表現した散布図を作成することができます。表10-1における統計データを図10-1に散布図として表現します。このとき、2つの変数である年齢と年間収入は、どちらも比例尺度（量的データ）です。なぜなら、両方とも絶対的な0（0歳と0万円）が存在するからです。

尺度の違いについては第2章21ページ参照。

2変数の相関関係とは、1つの変数が増加するときに、もう一方の変数が増加または減少する傾向にあることを言います。このため、散布図を観察することによって、相関関係を確認することができます。図10-1では、年齢が高くなるほど年間収入が高くなるような傾向が見られ、これを正の相関関係と呼びます。

表10-1　年齢と年間収入の統計データ

個人番号 i	年齢(歳) x_i	年間収入(万円) y_i
1	23	123
2	27	187
3	21	188
4	23	261
5	24	253
6	22	298
7	28	267
8	25	263
9	26	350
10	24	360
11	29	346
12	27	487
13	26	413

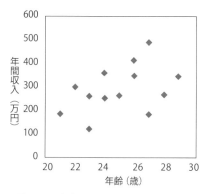

図10-1　年齢と年間収入の散布図（1）

(2) 平均値からの偏差の積 $(x_i-\bar{x})(y_i-\bar{y})$ によって関連性を表現する

2つの変数がともに増加するときに「正」となり、一方の変数が増加し、もう一方の変数が減少するときに「負」となるような統計量を考えれば、2変数の関連性を説明できそうです。いま、平均値を中心の位置として、平均値からの偏差である $(x_i-\bar{x})$ と $(y_i-\bar{y})$ を変数の増減として考えることにし

ます。この平均値からの偏差 $(x_i-\bar{x})$ と $(y_i-\bar{y})$ の積である $(x_i-\bar{x})(y_i-\bar{y})$ は，$(x_i-\bar{x})$ と $(y_i-\bar{y})$ の符号が同じときに「正」となり，符号が異なるときに「負」となります。このため，$(x_i-\bar{x})(y_i-\bar{y})$ は2変数の関連性を説明するのに適しています。

図10-2は散布図に平均値の位置を加えた図であり，平均値からの偏差の積が正，または負となる領域がわかります。図10-3は平均値からの偏差の積 $(x_i-\bar{x})(y_i-\bar{y})$ の値も表した図です。図10-3から，平均値からの偏差の積 $(x_i-\bar{x})(y_i-\bar{y})$ の値が正である場合が8つ，0が1つ，負が4つであり，正の値は比較的大きい値であることがわかります。

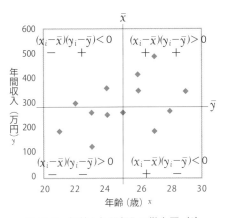

図10-2 年齢と年間収入の散布図 (2)　　図10-3 年齢と年間収入の散布図 (3)

(3) 2変数の関連性を測る統計量として共分散を定義する

分散の定義（第7章）

$$s_x^2=\frac{1}{n}\sum_{i=1}^{n}(x_i-\bar{x})^2$$

x の分散 s_x^2 は s_{xx} と表記する場合もあります。共分散の定義は，分散と同様に偏差の積を用いた定義です。絶対偏差 $|x_i-\bar{x}|$ を用いて，正負の符号（＋/−）を含めた定義は作成できません。

分散と共分散の定義を比較してみましょう。

分散の定義（第7章参照）と同様に，統計データ全体で2変数の関連性を表すため，$(x_i-\bar{x})(y_i-\bar{y})$ の和を統計データの大きさ n で割った統計量を2変数の関連性を測る統計量として採用します。この統計量を共分散（covariance）と呼び，s_{xy} と表します。s_{xy} の下添え字の $_{xy}$ は，変数 x と変数 y の共分散という意味で使用しています。共分散は，和（＋）や差（−）の計算が意味を持たなければ計算できません。このため，2つの変数がともに量的データ（間隔尺度と比例尺度）の場合のみ，共分散は計算可能となります。

$$s_{xy}=\frac{1}{n}\sum_{i=1}^{n}(x_i-\bar{x})(y_i-\bar{y})$$

(4) 共分散の計算

表10-2は年齢と年間収入に関する共分散の計算表です。共分散の計算では分散の計算表と同様に，まず平均値からの偏差である $(x_i-\bar{x})$ と $(y_i-\bar{y})$ を計算して，計算間違いのないように，それらの和が0になることを確認します。その後，平均値からの偏差の積 $(x_i-\bar{x})(y_i-\bar{y})$ を計算します。最後に，共分散の定義式を記述してから，表10-2で計算した統計値を代入して共分散を求めます。

表10-2　年齢と年間収入に関する共分散の計算表

個人番号 i	年齢（歳） x_i	年間収入（万円） y_i	平均値からの偏差 $x_i-\bar{x}$	平均値からの偏差 $y_i-\bar{y}$	平均値からの偏差の積 $(x_i-\bar{x})(y_i-\bar{y})$
1	23	123	-2	-169	338
2	27	187	2	-105	-210
3	21	188	-4	-104	416
4	23	261	-2	-31	62
5	24	253	-1	-39	39
6	22	298	-3	6	-18
7	28	267	3	-25	-75
8	25	263	0	-29	0
9	26	350	1	58	58
10	24	360	-1	68	-68
11	29	346	4	54	216
12	27	487	2	195	390
13	26	413	1	121	121
合　計	325	3796	0	0	1269
平均値	25	292			97.615

$$s_{xy}=\frac{1}{n}\sum_{i=1}^{n}(x_i-\bar{x})(y_i-\bar{y})=\frac{1}{13}\times1269=97.6$$

(5) 整理：共分散の考え方

共分散の考え方を整理すると以下のようになります。

❶2つの変数がともに増加するときに「正」となり，一方の変数が増加したならばもう一方の変数が減少するときに「負」となるような統計量を考えます。

❷平均値からの偏差 $(x_i-\bar{x})$ と $(y_i-\bar{y})$ を2つの変数の増減として考えて，平均値からの偏差の積 $\{(x_i-\bar{x})(y_i-\bar{y}),\ i=1,\ 2,\ \cdots,\ n\}$ を用いて2変数の関連性を表します。

❸統計データ全体で1つの値として2変数の関連性を表現するため，$(x_i-\bar{x})(y_i-\bar{y})$ の平均を2変数の関連性を表す統計量として定義します。この統計量を共分散と呼びます。

問題 10-1　桜の開花日と 3 月の平均気温との共分散

　神奈川県横浜市における桜の開花日と 3 月の平均気温の統計データを表
10-3 に，その散布図を図 10-4 に表します。3 月の気温が高いときに桜の成長
は早くなるため，桜の開花は早まると言われています。そこで，桜の開花日と
3 月の平均気温という 2 変数の関連性は強いと考えられます。この 2 つの変
数の共分散を計算してください。

　表 10-4 の計算表の空欄に数値を記入して共分散を計算しましょう。①合計
と平均値を計算する。②平均値からの偏差を計算する。③平均値からの偏差
の積を計算する。④共分散の定義式を記述してから，統計値を代入して共分
散を求める。

このとき，平均値の有効
桁数は 3 桁で計算するこ
と。たとえば，日数の有
効桁数は 2 桁なので，日
数の平均値は小数第 1 位
まで計算しましょう。

（解答は p.154）

表 10-3　神奈川県横浜市における桜の開花日
と 3 月の日平均気温の統計データ

年	桜開花日	桜開花日 3 月 1 日から の日数 （日）	日平均気温 の月平均値 3 月 （℃）
2012 年	4 月 2 日	32	8.6
2013 年	3 月 18 日	17	12.0
2014 年	3 月 25 日	24	10.1
2015 年	3 月 23 日	22	10.5
2016 年	3 月 23 日	22	10.5
2017 年	3 月 25 日	24	8.9
2018 年	3 月 19 日	18	11.9

資料：気象庁気象統計情報（http://www.data.jma.go.jp/）

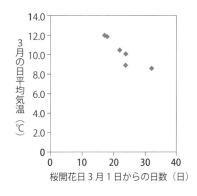

図 10-4　桜の開花日と 3 月の平均気温の散布図

表 10-4　桜の開花日と 3 月の平均気温に関する共分散の計算表

年 i	桜開花日 x_i	3 月気温 y_i	平均値からの偏差 $x_i-\bar{x}$ ❷	平均値からの偏差 $y_i-\bar{y}$	平均値からの偏差の積 $(x_i-\bar{x})(y_i-\bar{y})$ ❸
1	32	8.6			
2	17	12.0			
3	24	10.1			
4	22	10.5			
5	22	10.5			
6	24	8.9			
7	❶ 18	11.9			
合計					
平均値					

❹

(6) 共分散の単位

　　分散の単位は統計データの二乗でした。このため，統計データの単位と同じ単位となる標準偏差を散らばりの統計量として活用しました。たとえば，年間収入（万円）に関する分散の単位は「万円^2」ですが，標準偏差は正の平方根をとるため「万円」となります。一方，共分散の単位は，関連性を測る 2 変数の単位を乗じることになります。たとえば，年齢と年間収入の共分散の単位は「歳×万円」となり，桜の開花日と 3 月の平均気温の共分散の単位は「日×℃」となります。このように，変数の組合せによって単位が異なってしまうと，2 変数間の関連性の強さを比較することができません。

単位に注意ですね。
分散⇒（統計データ）^{2}
標準偏差⇒統計データ
共分散⇒2 つの変数の積

相関係数

Point

☐ 標準化した 2 変数の共分散は相関係数になる。

☐ 相関係数は単位をもたない。

　　単位を統一する方法として，標準化（第 8 章参照）がありました。そして，標準化した変数の平均値は 0，標準偏差は 1 になることを学びました。変数 x と変数 y の共分散の定義式において，それぞれの変数を標準化してみま

しょう。標準化により x_i を $(x_i-\bar{x})/s_x$ に，y_i を $(y_i-\bar{y})/s_y$ に置き換えると，それぞれの平均値は 0 となりますので，共分散 s_{xy} を，

$$s_{xy}=\frac{1}{n}\sum_{i=1}^{n}(x_i-\bar{x})(y_i-\bar{y})$$

$$\boxed{x_i \rightarrow (x_i-\bar{x})/s_x,\ y_i \rightarrow (y_i-\bar{y})/s_y,\ \bar{x} \rightarrow 0,\ \bar{y} \rightarrow 0}$$

$$\frac{1}{n}\sum_{i=1}^{n}\left(\frac{x_i-\bar{x}}{s_x}-0\right)\left(\frac{y_i-\bar{y}}{s_y}-0\right)$$

と書き換えることができます。変数 x と変数 y は標準化したので，この式は変数 x と変数 y の共分散 s_{xy} ではありません。これを変形すると，

$$\frac{1}{n}\sum_{i=1}^{n}\left(\frac{x_i-\bar{x}}{s_x}-0\right)\left(\frac{y_i-\bar{y}}{s_y}-0\right)=\frac{1}{ns_xs_y}\sum_{i=1}^{n}(x_i-\bar{x})(y_i-\bar{y})$$

$$=\frac{1}{s_xs_y}\frac{1}{n}\sum_{i=1}^{n}(x_i-\bar{x})(y_i-\bar{y}) \quad s_xs_y \text{と} n \text{を入れ替え}$$

$$=\frac{s_{xy}}{s_xs_y} \quad \frac{1}{n}\sum_{i=1}^{n}(x_i-\bar{x})(y_i-\bar{y})=s_{xy} \text{であるので}$$

となります。つまり，標準化した 2 変数の共分散は，標準化する前の 2 変数の共分散を 2 変数の標準偏差の積 s_xs_y で除したものとなります。これを相関係数（correlation coefficient）またはピアソンの積率相関係数と呼びます。変数 x と変数 y の相関係数を r_{xy} で表し，つぎのように展開できます。

$$r_{xy}=\frac{s_{xy}}{s_xs_y}$$

$$=\frac{\frac{1}{n}\sum_{i=1}^{n}(x_i-\bar{x})(y_i-\bar{y})}{\sqrt{\frac{1}{n}\sum_{i=1}^{n}(x_i-\bar{x})^2}\sqrt{\frac{1}{n}\sum_{i=1}^{n}(y_i-\bar{y})^2}}$$

$$=\frac{\sum_{i=1}^{n}(x_i-\bar{x})(y_i-\bar{y})}{\sqrt{\sum_{i=1}^{n}(x_i-\bar{x})^2}\sqrt{\sum_{i=1}^{n}(y_i-\bar{y})^2}} \quad \sqrt{\frac{1}{n}}\sqrt{\frac{1}{n}}=\frac{1}{n}\text{から分母分子の}\frac{1}{n}\text{を消して}$$

このとき，統計データ $\{(x_i,\ y_i),\ i=1,\ 2,\ ...,\ n\}$ は標準化した統計データではなく，元の統計データを表していることに注意しましょう。また，相関係数の分母が s_xs_y であることから，どちらかの変数に散らばりがまったくないような状態（すべて同じ値をとる）では，相関係数は定義できません。

共分散 s_{xy}（単位：変数 x の単位×変数 y の単位）

 変数 x と変数 y の標準化

相関係数 r_{xy}（単位なし：無名数）

相関係数の性質1：相関係数の値は −1 から1まで

Point

☐ 共分散よりも相関係数の方が相関関係の強弱を判断しやすい。

☐ 相関係数の正負は相関関係の正負を表し，相関係数の大きさは相関関係の強弱を表す。

☐ 相関係数の値は −1 から1まで。$-1 \leq r_{xy} \leq 1$

　　最も強い正の相関関係のとき，2変数はどのような状態になるのでしょうか。単純に考えれば，変数 x の値と変数 y の値がまったく同じであれば（$x_i = y_i$, $i = 1, 2, ..., n$），相関関係はきわめて強いと言えます。相関係数の定義式に $y_i = x_i$ を代入してみましょう。

column

陸軍と海軍──脚気への対応の違い

　　脚気は欧米では発症例がほとんどない病気であり，ビタミン B_1 の欠乏が原因であるとわかるまでは，食事が原因という説や伝染病説などさまざまな原因説がありました。日清戦争の際に，日本陸軍において脚気で死亡したのは約4千人であり，この数は戦死及び戦傷死者合計の3倍以上にのぼりました。一方，日本海軍で脚気の発症はほとんどありませんでした。

　　陸軍と海軍で脚気による被害の大きさが異なったのは，脚気への対応の違いによります。海軍軍医の高木兼寛は，遠洋航海による実験などで脚気の発症と食事との関連性を見出しました。これを受けて，海軍ではパンや麦飯を取り入れた食事を採用しました。当時，ビタミン B_1 は発見されていませんが，ビタミン B_1 は麦などの穀物に多く含まれています。一方，陸軍は，脚気の原因を証明するに至っていないとして白米食を続けた結果，日清日露の戦争における脚気による死亡者は合計3万人を超えました。陸軍軍医の森林太郎は，明治21年の講演において，「生活や居住地など条件を同じくした2つの集団に対して，一方を白米食もう一方を麦食とした厳密な実験を行わなければ，白米食が脚気の原因と言うことはできない」と高木兼寛による麦飯採用を暗に批判しました。森林太郎の統計学の適用に関する理解は間違っていません。しかしながら，因果関係の厳密な検証を主張した陸軍は，結果的に脚気による死亡者数を減らすことができなかったのです。2つの変数に相関関係があることで因果関係は証明できません。ただし，因果関係がある場合には，何らかの関連性が発見される可能性はあります。

参考文献：吉村昭著『白い航跡』上・下，講談社文庫

$$r_{xy}=\frac{s_{xy}}{s_xs_y}=\frac{\dfrac{1}{n}\sum_{i=1}^{n}(x_i-\bar{x})(x_i-\bar{x})}{\sqrt{\dfrac{1}{n}\sum_{i=1}^{n}(x_i-\bar{x})^2}\sqrt{\dfrac{1}{n}\sum_{i=1}^{n}(x_i-\bar{x})^2}}=\frac{\dfrac{1}{n}\sum_{i=1}^{n}(x_i-\bar{x})^2}{\dfrac{1}{n}\sum_{i=1}^{n}(x_i-\bar{x})^2}=1$$

相関係数の値は1です。同様に，2つの変数がまったく逆の関係となるように $y_i=-x_i$ を代入すると，

$$r_{xy}=\frac{s_{xy}}{s_xs_y}=\frac{\dfrac{1}{n}\sum_{i=1}^{n}(x_i-\bar{x})(-x_i+\bar{x})}{\sqrt{\dfrac{1}{n}\sum_{i=1}^{n}(x_i-\bar{x})^2}\sqrt{\dfrac{1}{n}\sum_{i=1}^{n}(-x_i+\bar{x})^2}}=\frac{-\dfrac{1}{n}\sum_{i=1}^{n}(x_i-\bar{x})^2}{\dfrac{1}{n}\sum_{i=1}^{n}(x_i-\bar{x})^2}=-1$$

相関係数の値は−1となります。このような極端な例から類推すると，相関係数の最大値は1，最小値は−1になりそうです。

　統計データによる計算で確認してみましょう。図10-5に6つの散布図と共分散，相関係数を示します。図10-5のA，E，Fの散布図では，変数 x の値が決まれば変数 y の値が決まるような関係です。これらの相関係数は，−1.00，1.00，1.00です。BとDの散布図を見ると，その相関関係の強いことがわかります。相関係数はそれぞれ−0.80，0.80です。また，Cの相関係数の値は0であり，相関関係のない（無相関）状態です。

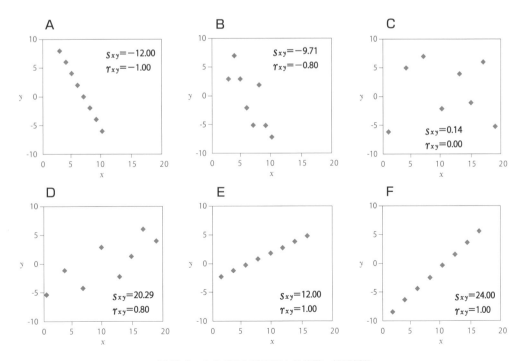

図 10-5　さまざまな散布図と共分散、相関係数

図10-5では，相関係数の値とともに共分散の値も表現しています。共分散の正負で相関関係の正負はわかりますが，共分散の値の大小では相関関係の強弱を判断することはできません。たとえば，D の共分散は20.29で E の共分散 12.00 よりも高い値をとりますが，相関係数では D の相関係数（$r_{xy}=0.80$）よりも E の相関係数（$r_{xy}=1.00$）の方が高い値となり，散布図から直線で表現できる関係が見られます。

　相関係数が $-1 \leq r_{xy} \leq 1$ となる証明については 121 ページの付録 3 を参照してください。

例題 10-1　桜の開花日と 3 月の日平均気温との相関係数

　桜の開花日と 3 月の日平均気温との共分散は -5.1 でした（問題 10-1 参照）。ここでは，表 10-5 の計算表を用いて相関係数を計算します。変数 x と変数 y の偏差平方和 145.43 と 10.3971 などを用いて相関係数を求めると -0.91 となります。この値 -0.91 は -1 に近いため，桜の開花日と 3 月の日平均気温には強い負の相関関係があると言えます。

表 10-5　桜の開花日と 3 月の日平均気温に関する相関係数の計算表

年 i	桜開花日 x_i	3 月気温 y_i	平均値からの偏差 $x_i - \bar{x}$	平均値からの偏差 $y_i - \bar{y}$	偏差平方 $(x_i - \bar{x})^2$	偏差平方 $(y_i - \bar{y})^2$	平均値からの偏差の積 $(x_i - \bar{x})(y_i - \bar{y})$
1	32	8.6	9.3	-1.76	86.22	3.0876	-16.316
2	17	12.0	-5.7	1.64	32.65	2.6990	-9.388
3	24	10.1	1.3	-0.26	1.65	0.0661	-0.331
4	22	10.5	-0.7	0.14	0.51	0.0204	-0.102
5	22	10.5	-0.7	0.14	0.51	0.0204	-0.102
6	24	8.9	1.3	-1.46	1.65	2.1233	-1.873
7	18	11.9	-4.7	1.54	22.22	2.3804	-7.273
合計	159.0	72.50	0.0	0.00	145.43	10.3971	-35.386
平均値	22.7	10.36			20.776	1.4853	-5.055

資料：気象庁気象統計情報（http://www.data.jma.go.jp/）神奈川県横浜市における桜開花日と 3 月の日平均気温（2012 年〜2018 年）

$$r_{xy} = \frac{s_{xy}}{s_x s_y} = \frac{\sum_{i=1}^{n}(x_i - \bar{x})(y_i - \bar{y})}{\sqrt{\sum_{i=1}^{n}(x_i - \bar{x})^2}\sqrt{\sum_{i=1}^{n}(y_i - \bar{y})^2}} = \frac{-35.386}{\sqrt{145.43 \times 10.3971}} \approx -0.91$$

問題 10-2　　桜の開花日と 2 月の日平均気温との相関係数

　2 月と 3 月では，どちらの月の日平均気温が桜の開花日との相関関係が強い
のでしょうか。表 10-6 に 2 月の日平均気温と桜の開花日との相関係数の計算
表を示します。相関係数を計算して，3 月の結果（例題 10-1 相関係数 −0.91）
と比較してください。

（解答は p. 154）

表 10-6　桜の開花日と 2 月の日平均気温に関する相関係数の計算表

年 i	桜開花日 x_i	2 月気温 y_i	平均値からの偏差 $x_i-\bar{x}$	平均値からの偏差 $y_i-\bar{y}$	偏差平方 $(x_i-\bar{x})^2$	偏差平方 $(y_i-\bar{y})^2$	平均値からの偏差の積 $(x_i-\bar{x})(y_i-\bar{y})$
1	32	5.4	9.3	−0.99	86.22	0.9716	−9.153
2	17	5.8	−5.7	−0.59	32.65	0.3431	3.347
3	24	5.8	1.3	−0.59	1.65	0.3431	−0.753
4	22	6.4	−0.7	0.01	0.51	0.0002	−0.010
5	22	7.8	−0.7	1.41	0.51	2.0002	−1.010
6	24	7.5	1.3	1.11	1.65	1.2416	1.433
7	18	6.0	−4.7	−0.39	22.22	0.1488	1.818
合計	159.0	44.70	0.0	0.00	145.43	5.0486	−4.329
平均値	22.7	6.39			20.78	0.7212	−0.6184

資料：気象庁気象統計情報（http://www.data.jma.go.jp/）神奈川県横浜市における桜開花日と 2 月の日平均気温
　　（2012 年～2018 年）

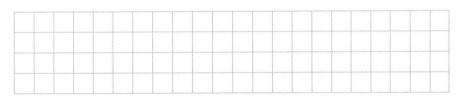

<解答>

桜開花日と 2 月平均気温 との相関係数	桜開花日と 3 月平均気温 との相関係数
	−0.91

相関係数の性質2：相関係数は直線関係の強さを測る

Point

☐ 標準化における問題点は相関係数における問題点となる。

☐ 相関係数は曲線関係をもつ相関関係の強さを測ることができない。

　　相関係数は標準化した2変数の共分散のため，標準化における問題点は相関係数における問題点になります。標準化における問題として，度数分布が左右対称でない場合や統計データ内に外れ値が存在する場合がありました（第8章参照）。また，相関係数は共分散に基づいています（$r_{xy}=\dfrac{s_{xy}}{s_x s_y}$）。このため，曲線関係をもつ相関関係の強さを測ることはできません。

　　散布図と相関係数の値により問題状況を確認しましょう。図10-6に3つの散布図と相関係数を示します。図10-6のAの散布図では，1つの観測値が外れ値となっています。この観測値の存在により相関係数が高い値（0.99）をとることになります。また，BとCの散布図を見ると，変数xと変数yには明らかに曲線の関係があることがわかります。しかし，相関係数はそれぞれ0.70と0.00です。このように，外れ値が存在する統計データや曲線関係をもつ統計データに対して相関係数を用いることはできません。

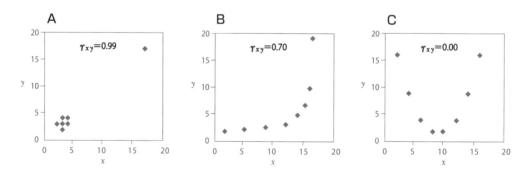

図10-6　外れ値の存在する統計データや曲線関係の散布図と相関係数

相関係数の性質 3：相関係数の値から因果関係を証明できない

Point

- □ 相関関係と因果関係は同じ概念ではない。

- □ 相関係数が高い値となることのみで因果関係を証明することはできない。

　相関係数は 2 変数の関連性を測ることができる統計量です。しかし，相関係数が高い値をとることのみで，原因と結果の関係である因果関係やその強弱を証明することはできません。たとえば，男女別に年齢と年間収入との相関係数を計算し，男性の相関係数が 0.73，女性の相関係数が 0.44 であったとします（図 10-7 参照）。このとき，相関係数の値から「男性の方が，年齢が高いと年間収入も高くなる傾向にある」と断言することはできません。なぜなら，ここでは勤労者の雇用形態を考慮していないからです。男性に正規雇用が多く，女性の非正規雇用が多い場合には，男性の方が年齢と年間収入との関連性が高いように見える可能性があります。年齢に応じて賃金を上昇させる制度を採用している場合，年齢は年間収入を決める 1 つの条件になるでしょう。しかし，すべての勤労者に当てはまる条件ではありません。たとえば，20 歳以上のアルバイトやパートで年齢が考慮されることはほとんどありません。

　相関係数が高い値をとる場合，一方の変数がもう一方の変数の原因の一部となる可能性が生じます。このため，相関関係の存在により因果関係が証明されたものと勘違いしてしまうことがあります。相関係数はさまざまな要因の一部しか読み取ることができないことに注意しましょう。

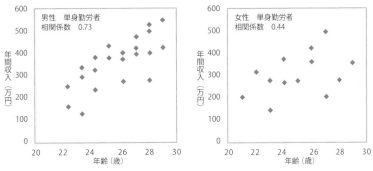

図 10-7　男女別 年齢と年間収入の散布図

column

相関関係と比例関係

　相関関係と比例関係とはどのような違いがあるのでしょうか。比例関係とは x と y の比が一定となる関係であり，$y=ax$ と表現することができます。一方，相関関係とは，x の値が決まれば y の値が決まる関係ですので，$y=f(x)$ と表現することができます。ただし，この章で学んでいる相関係数が測定しているのは線形関係です。このため，線形の相関として $y=ax+b$ で表現できる関係でなければなりません。図 10-5 の F の散布図は比例関係を表しており，E の散布図は線形の相関関係を表しています。簡単に言うと，相関関係の一部が線形関係であり，線形関係の一部が比例関係となります。共分散や相関係数が意味をもつのは線形関係の場合のみです。

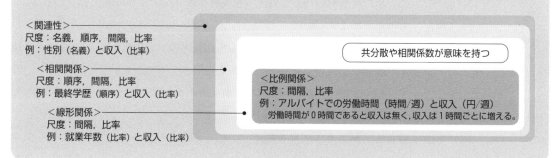

<関連性>
尺度：名義，順序，間隔，比率
例：性別（名義）と収入（比率）

<相関関係>
尺度：順序，間隔，比率
例：最終学歴（順序）と収入（比率）

<線形関係>
尺度：間隔，比率
例：就業年数（比率）と収入（比率）

共分散や相関係数が意味を持つ

<比例関係>
尺度：間隔，比率
例：アルバイトでの労働時間（時間/週）と収入（円/週）
　労働時間が 0 時間であると収入は無く，収入は 1 時間ごとに増える。

講義のまとめ

① 2 変数の関連性を測る統計量として共分散や相関係数があります。

② 標準化した 2 変数の共分散は相関係数になります。

③ 相関係数は −1 から 1 までの値をとり，値の大きさは相関関係の強弱を表します。

④ 相関係数を用いて，外れ値が存在する統計データや曲線関係をもつ統計データの関連性を測ることはできません。

⑤ 相関関係と因果関係は同じではなく，相関係数が高い値をとることのみで因果関係を証明することはできません。

付録 3

相関係数の値が -1 から 1 までとなることの証明

　相関係数 r_{xy} が $-1 \leq r_{xy} \leq 1$ となることを証明しましょう。

　以下のような 2 次関数 $g(a)$ を考えます。この 2 次関数 $g(a)$ は証明をおこなうために操作的に作成したものです。

$$g(a) = \sum_{i=1}^{n} \{(x_i - \bar{x})a - (y_i - \bar{y})\}^2$$

　2 次関数 $g(a)$ は $|(x_i - \bar{x})a - (y_i - \bar{y})|$ の平方和であり，平方和は正であることから，$g(a) \geq 0$ となります。$g(a)$ を展開していきますと，

$$g(a) = \sum_{i=1}^{n} \{(x_i - \bar{x})^2 a^2 - 2(x_i - \bar{x})(y_i - \bar{y})a + (y_i - \bar{y})^2\}$$

$$= a^2 \sum_{i=1}^{n} (x_i - \bar{x})^2 - 2a \sum_{i=1}^{n} (x_i - \bar{x})(y_i - \bar{y}) + \sum_{i=1}^{n} (y_i - \bar{y})^2$$

$$= \sum_{i=1}^{n} (x_i - \bar{x})^2 \left\{ a^2 - 2a \frac{\sum_{i=1}^{n} (x_i - \bar{x})(y_i - \bar{y})}{\sum_{i=1}^{n} (x_i - \bar{x})^2} + \frac{\sum_{i=1}^{n} (y_i - \bar{y})^2}{\sum_{i=1}^{n} (x_i - \bar{x})^2} \right\}$$

$$= \sum_{i=1}^{n} (x_i - \bar{x})^2 \left[\left\{ a - \frac{\sum_{i=1}^{n} (x_i - \bar{x})(y_i - \bar{y})}{\sum_{i=1}^{n} (x_i - \bar{x})^2} \right\}^2 - \left\{ \frac{\sum_{i=1}^{n} (x_i - \bar{x})(y_i - \bar{y})}{\sum_{i=1}^{n} (x_i - \bar{x})^2} \right\}^2 \right.$$

$$\left. + \frac{\sum_{i=1}^{n} (y_i - \bar{y})^2}{\sum_{i=1}^{n} (x_i - \bar{x})^2} \right]$$

となります。$g(a)$ は平方和で $g(a) \geq 0$ ですので，2 次関数 $g(a)$ のグラフの頂点は負になりません。このため，$-\left\{ \dfrac{\sum_{i=1}^{n} (x_i - \bar{x})(y_i - \bar{y})}{\sum_{i=1}^{n} (x_i - \bar{x})^2} \right\}^2 + \dfrac{\sum_{i=1}^{n} (y_i - \bar{y})^2}{\sum_{i=1}^{n} (x_i - \bar{x})^2} \geq 0$ となります。この不等式はつぎのようになります。

$$\frac{\sum_{i=1}^{n} (y_i - \bar{y})^2}{\sum_{i=1}^{n} (x_i - \bar{x})^2} \geq \frac{\{\sum_{i=1}^{n} (x_i - \bar{x})(y_i - \bar{y})\}^2}{\{\sum_{i=1}^{n} (x_i - \bar{x})^2\}^2}$$

$$\sum_{i=1}^{n} (y_i - \bar{y})^2 \geq \frac{\{\sum_{i=1}^{n} (x_i - \bar{x})(y_i - \bar{y})\}^2}{\sum_{i=1}^{n} (x_i - \bar{x})^2}$$

$$1 \geq \frac{\{\sum_{i=1}^{n} (x_i - \bar{x})(y_i - \bar{y})\}^2}{\sum_{i=1}^{n} (x_i - \bar{x})^2 \sum_{i=1}^{n} (y_i - \bar{y})^2}$$

$$1 \geq \left\{ \frac{\sum_{i=1}^{n} (x_i - \bar{x})(y_i - \bar{y})}{\sqrt{\sum_{i=1}^{n} (x_i - \bar{x})^2} \sqrt{\sum_{i=1}^{n} (y_i - \bar{y})^2}} \right\}^2$$

$$1 \geq r_{xy}^2$$

$r_{xy}^2 \leq 1$ は $|r_{xy}| \leq 1$ ですので，$-1 \leq r_{xy} \leq 1$ であることが証明されました。

第11章 統計データの入手方法

この章で学ぶこと

● 統計表や集計データの閲覧方法と入手方法を学びます。

● 集計データを利用する際，調査の概要や用語の定義，調査の精度を確認しましょう。

● 変数間の関連性を確認するためには多くの統計表を観察しなければなりません。

この章では，集計データなどの入手方法を学びます。Web サイトの画面についても掲載しますので，統計表の閲覧やダウンロードを実施してみましょう。

クイズ ● 11　統計表から読み取ろう

　フロリダ州における殺人事件の判決（1976 年～1977 年）に関する 2 つの統計表を以下に示します。変数は，被告の人種と被害者の人種，判決です。左の統計表からわかることは，白人が被告のときに死刑判決を受ける比率が 11.9% であり，被告が黒人のときの比率 10.2% に比べて高いということです。また，右の統計表からは，白人が白人を殺害する比率の高いことがわかります。

被告の人種別　死刑判決数と比率

		ケース数 a	死刑判決 b	b/a
被　告	白人	160	19	11.9%
	黒人	166	17	10.2%
		326	36	11.0%

資料：Radelet（1981）

被告の人種、被害者の人種別人数

		被害者		
		白人	黒人	
被　告	白人	151	9	160
	黒人	63	103	166
		214	112	326

資料：Radelet（1981）

　それでは，フロリダ州において死刑判決を受ける比率は，被告が白人のときに高いと言えるのでしょうか。他の可能性は考えられないでしょうか。以下の A，B，C に問題意識を挙げます。2 つの統計表に基づいて，最も可能性があると考えられる事項を 1 つ選んでください（解答は 125 ページ）。

> A：白人の犯した殺人は被害者数が 2 人以上であるケースが多いのではないだろうか。
>
> B：被害者が白人の場合に死刑判決の比率が高くなるのではないだろうか。
>
> C：黒人の犯した殺人は計画的犯行が多いのではないだろうか。

参考文献：Radelet, M. L.（1981）. Racial characteristics and the imposition of death penalty. *American Sociological Review*, **46**, 918-927.

統計表や集計データの閲覧方法と確認事項

Point

☐ 調査の概要を確認すること。

☐ 用語の定義を確認すること。

☐ 調査の精度を確認すること。

　第 3 章では，統計データを集計して統計表を作成する方法を学びました。このとき，統計表のセルの値は統計データを集計して得られたもので集計データと呼びました。一般的に，私たちが「統計」と呼んでいる数値のほとんどは，統計データのなかでも統計表における集計データやセルにおける平均値です。

　統計表の閲覧や集計データを入手するには 2 つの方法があります。1 つは，図書館において調査報告書に掲載された統計表を閲覧して，その統計表から集計データを書き写す方法です。もう 1 つは，インターネットを利用して統計表の閲覧や集計データのダウンロードを行う方法です。後者の方法では，統計表や集計データをインターネット経由でテキストや Excel ファイルとして得ることができます。これは大変便利である反面，集計データを誤って用いてしまう可能性もあります。集計データの誤用は，調査の概要や用語の定義，調査の精度を確認しないことに起因する可能性が高いと考えられます。

　統計表や集計データを利用する際，つぎの 3 項目を確認しましょう。

(1) 調査の概要

　調査の概要とは，統計表の基となった統計調査に関する内容を整理したものであり，具体的には，実施機関（Who）；項目（What）；年月（When）；対象（Where）；目的（Why）；方法（How）などです。

例 就業構造基本調査の概要

　就業構造基本調査は統計法に基づく基幹統計『就業構造基本統計』を作成するための統計調査であり，有業者には仕事の内容や前職について，無業者には就業の希望や前職について調べている。昭和 57 年（1982 年）以降は 5 年ごとに 10 月 1 日現在の状況について調査を行っている。調査対象は 15 歳以上の世帯員であり，国民の就業及び不就業の状態を調査し，全国及び地域別の就業構造に関する基礎資料を得ることを目的とした統計調査である。

(2) 用語の定義

> 統計表に記載された用語の定義を確認します。たとえば,「配偶関係」の定義には 3 つの区分があります。

例 就業構造基本調査における「配偶関係」

「配偶関係」は,戸籍上の届出の有無に関係なく,現在,妻又は夫のある者を配偶者ありとした。区分は 3 つであり,未婚（結婚したことのない人）;配偶者あり（現在,妻又は夫のある人）;死別・離別（妻又は夫と死別又は離別して,現在独身でいる人）に分類した。

(3) 調査の精度

> 調査結果は推定した値がほとんどであるため,その値には標本抽出に係る誤差が生じます。この誤差は「標準誤差」や「標準誤差率」（標準誤差÷推定値）として公表されています。数値を比較する際には,この誤差を考慮しなければなりません。

例 就業構造基本調査における標準誤差

調査結果が 10 万人のとき標準誤差は 5000 人であることが示されている。つまり,10 万人という調査結果は,標準誤差の 2 倍の幅を考えて 10±1.0 万人として数値の比較を行った方が良い。たとえば,10 万人と 10 万 3000 人とを比べた場合,調査に関する誤差を考慮すると 10 万 3000 人の方が多いと断言することはできない。

これらの調査の精度に関する理論や計算方法について詳しくは『プレステップ統計学Ⅱ』で学びます。

インターネットによる統計表の閲覧とダウンロード

Point

- □ 「政府統計の総合窓口 e-Stat」で統計表を閲覧する。
- □ 「日本銀行 時系列統計データ検索サイト」で時系列データをグラフに表現する。
- □ 調査の概要や用語の定義,調査の精度などを確認する。

(1) 統計表や集計データの格納サイト

統計表や集計データの格納サイトとして「政府統計の総合窓口 e-Stat」（以降,e-Stat サイトと呼びます）と「日本銀行 時系列統計データ検索サイ

ト」（以降，日銀データ検索サイトと呼びます）を紹介します。e-Stat サイトは，これまで各府省等が独自に運用する Web サイトに散在していた政府統計に関する情報を集約したサイトであり，統計表や集計データのほか，公表予定や各種統計関係情報を提供しています。また，日銀データ検索サイトは，日本銀行が公表している統計の時系列統計データを格納しており，全ての格納データの検索やダウンロード，グラフ表示が可能です。

(2) 生活時間に関する統計表の閲覧と集計データのダウンロード（e-Stat サイト）

日本国民はどのくらい睡眠をとっているのでしょうか。また，趣味や交際などに 1 日あたりどのくらい時間をかけているのでしょうか。ここでは，e-Stat サイトから，人々の生活時間に関する統計表をダウンロードしてみましょう。

クイズ 11 の解答 ▶ B

2 つの統計表に基づいて最も可能性のある問題意識は B です。A や C の可能性も否定できませんが，3 変数以外の変数を含めて判断する必要があります。クイズでは，3 つの変数（被告の人種，被害者の人種，判決）から 2 つを選び，その集計結果を示しました。組み合わせとして足りない集計は，被害者の人種と判決に関する集計です。被害者の人種別に死刑判決の比率を見ますと，白人が被害者の場合に死刑となる比率が 14.0％であり，黒人が被害者の場合の 5.4％に比べて高いことがわかります。

被害者の人種別　死刑判決数と比率

		ケース数 a	死刑判決 b	b/a
被害者	白人	214	30	14.0%
	黒人	112	6	5.4%
		326	36	11.0%

資料：Radelet（1981）

被告の人種，被害者の人種別　死刑判決数と比率

				ケース数 a	死刑判決 b	b/a
被告 白人	被害者	白人		151	19	12.6%
	被害者	黒人		9	0	0.0%
被告 黒人	被害者	白人		63	11	17.5%
	被害者	黒人		103	6	5.8%
				326	36	11.0%

資料：Radelet（1981）

また，3 変数の統計表によると，黒人が白人を殺害したとき（被告黒人，被害者白人）に死刑判決を受ける比率が 17.5％と最も高い値になります。このクイズから，2 つの変数の関連性のみで状況を判断すると，真実を見誤る可能性のあることがわかりました。多変数の状況を確認するには，複数の統計表を確認する必要があります。なお，第 10 章では，量的データの相関関係を散布図や相関係数を用いて観察しましたが，このクイズでは質的データの関連性を統計表に基づいて観察しました。

e-Stat サイトの Top ページあるいはサイトマップから「キーワードで探す」をクリックします。「キーワードで探す」画面において，「生活時間」と入力して検索ボタンを押します。さらに詳細な指定を行いたい場合は，検索オプションとして，複数キーワードの設定や検索対象，調査年月，調査の分野などさまざまな指定をすることができます。

キーワード検索

　検索結果のうち，社会生活基本調査という統計調査をクリックします。

格納されている
社会生活基本調査

　令和3年社会生活基本調査の「ファイル」をクリックし，「調査票 A に基づく結果」〔1,580 件〕のうち，「生活時間に関する結果」〔620 件〕，「主要統計表」〔48 件〕をクリックしていくと，主要統計表のダウンロード画面になります。

主要統計表一覧

　統計表一覧における表番号 1-1 の統計表を閲覧またはダウンロードする
には Excel ボタンをクリックします。ダウンロードしたファイルを用いる
と，統計表を簡単に加工・作成することができます。ダウンロードした統計
表は，週全体の男女，年齢別に行動の種類別総平均時間・行動者率の平均値
が示されています。

　たとえば，20〜24 歳の行を観察します。20〜24 歳の年齢階級の人口規模
は 6,202 万人であり，生活時間の平均値は，睡眠 502 分（8 時間 22 分），食
事 85 分，通勤・通学 45 分，仕事 227 分，学業 86 分ということがわかりま
す。ただし，20〜24 歳の年齢階級には，学生と就業者などが混在していま
す。統計表に示された数値は平均値ですので，仕事が 0 分の人も含まれて
います。このため，仕事 227 分，学業 86 分のようになり，学生の割合が低
くなる 25〜29 歳の年齢階級では，仕事 316 分，学業 10 分となります。

ダウンロードした Excel ファイル（表番号 1-1）

シートの一部

男女 年齢		10歳以上 推定人口 （千人） Population 10 years and over (1000)	総平均時間（分）						
			睡眠 Sleep	身の回り の用事 Personal care	食事 Meals	通勤・ 通学 Commuting to and from school or work	仕事 Work	学業 Schoolwork	家事 Housework
		1	2	3	4	5	6	7	8
総数	1	112,462	474	84	99	31	208	38	87
10〜14歳	2	5,338	525	69	89	33	0	335	3
15〜19歳	3	5,552	476	77	85	55	42	316	6
20〜24歳	4	6,202	502	82	85	45	227	86	17
25〜29歳	5	6,333	487	78	86	43	316	10	37
30〜34歳	6	6,510	483	76	86	38	315	3	63

　また，統計表の一覧画面において「詳細」をクリックすることにより，調
査の説明ページが示されて，「ホームページ URL」にて調査の概要などを閲
覧することができます。

はじめに，調査の説明ページから概要を閲覧します。

調査の説明ページ

社会生活基本調査の概要

社会生活基本調査は，統計法に基づく基幹統計調査として，生活時間の配分や余暇時間における主な活動（学習・自己啓発・訓練，ボランティア活動，スポーツ，趣味・娯楽及び旅行・行楽）を調査し，国民の社会生活の実態を明らかにするための基礎資料を得ることを目的として5年ごとに実施しています。

調査の結果は，仕事と生活の調和（ワーク・ライフ・バランス）の推進，男女共同参画社会の形成など，国民の豊かな社会生活に関する各種行政施策に欠かすことのできない重要な資料となります。

さらに詳しい内容として，統計調査に用いた調査票を閲覧することもできます。また，「調査の結果」にある「用語の解説」から用語の定義について確認することも可能です。統計表を活用する際には，これらの情報を必ず確認しましょう。

調査票の一部（スポーツや趣味・娯楽について）

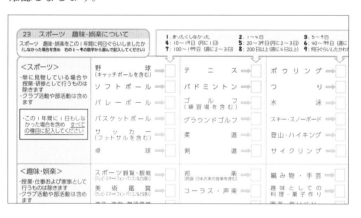

用語の解説（個人属性）

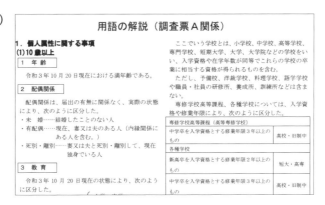

(3) 時系列データのグラフ表示（日銀データ検索サイト）

　検索エンジンにおいて「日本銀行　統計データ」で検索して日銀データ検索サイトの Top ページへ行きます。日銀データ検索サイトは大量の時系列統計データを格納した Web サイトで，グラフ作成機能が充実しています。日銀データ検索サイトの Top ページには検索やグラフ作成に関するマニュアル（サイトの右上「検索・グラフ機能の使い方」をクリック）が用意されています。わかりやすい手順書ですので，利用の際には活用してください。

日銀データ検索サイトの
Top ページ

出典：日本銀行ホームページより

さらに深く学ぶための書籍

『プレステップ基礎ゼミ』 川廷宗之・川野辺裕幸・岩井洋編　弘文堂　2011 年

　この章では，統計表や統計データの入手方法を説明しました。さらに情報源を広げて，新聞記事や学術論文・文献等の検索や引用について解説した文献として，『プレステップ基礎ゼミ』があります。『プレステップ基礎ゼミ』の第 11 章から第 14 章では，グループワークで実施する研究テーマの決定からプレゼンテーションとレポート作成までの過程を紹介しています。大学新入生に限らず，ゼミナールの所属を希望する学生は事前に読んでおくとよいでしょう。

主要指標のグラフの「物価」ボタンをクリックしてグラフを表示させます。グラフの期間設定も行うことができるため，画面では1982年以降のグラフを再描画させています。「データ表示」ボタンをクリックすれば，グラフに表示した時系列データの閲覧やダウンロードも可能です。

物価指数のグラフ

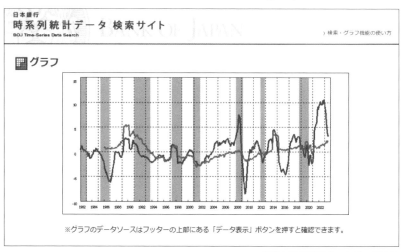

column

統計調査への協力

　統計調査では無作為に標本を抽出します。このため，調査への協力をいつ依頼されるかはわかりません。統計調査に協力したくないときもあるかもしれません。たとえば，自分が職を探しているときに就業に係わる調査は回答したくないでしょう。また，夫婦共働きで仕事が忙しいときに統計調査で家計簿や生活時間を記入することは大変面倒なことです。しかし，無作為に抽出された人たちが回答しないことで，日本国民の全体像が歪んでしまうことがあります。日本国民全体から100人を無作為に抽出したとき，失業中の人は平均して2人くらい選ばれることになります。この人たちが調査への協力を拒否したならば，失業者の状況はわからないことになってしまいます。

同様にして，夫婦共働きの世帯での生活の忙しさがわからなければ，子育てに必要な政策を立案することもできなくなります。統計調査に協力することは，ありのままの国民生活を表現するために意義のある行為です。

　記入した内容が他に漏れることを心配するかもしれませんが，調査票に記入した個人情報は「統計法」により保護されます。調査票は厳重に管理され，集計後に溶解処分されます。また，統計調査を行う側（調査員や関係職員など）には，守秘義務が課せられています。さらに，調査票は統計調査以外の目的に使うことが禁止されていますので，記入した所得などの情報が税金の資料として使われることもありません。安心して統計調査に協力しましょう。

例題 11-1

世帯の支出に関する集計データのダウンロード

世帯の支出に関する集計データを閲覧しましょう。e-Stat サイトにおいてキーワード「家計」で統計表を検索します。多くの統計調査が表示されますが、そのなかから「家計調査」のファイルをクリックします。

家計調査 ▶ 家計収支編 ▶ 二人以上の世帯 ▶ 詳細結果表 ▶ 年次 ▶ 2022 年とクリックしていくと、統計表を表示することができます。

統計表一覧における表番号 1-1 の統計表「都市階級・地方・都道府県庁所在市別 1 世帯当たり 1 か月間の収入と支出」をダウンロードします（Excel ボタンをクリックする）。二人以上の世帯と勤労者世帯、無職世帯の 3 種類の統計表がありますが、二人以上の世帯を選びます。この統計表では、二人以上の世帯の 1 世帯当たりの 1 か月間の収入と支出の平均額が表示されています。また、収入や支出に関連のある世帯人員や有業人員、持ち家率などの基本的な統計値も合わせて示されています。

ダウンロードした Excel ファイルの一部

統計名:	家計調査 家計収支編
統計表番号:	第 1 - 1 表
表題:	都市階級・地方・都道府県庁所在市別 1 世帯当たり 1 か月間の収入と支出

2022年
二人以上の世帯

一連番号	時間軸コード	階層コード	分類コード	用途分類	単位	全国
1	2022000000	1	00000	世帯数分布(抽出率調整)	10,000分比	10,000
2	2022000000	1	00000	集計世帯数	世帯	7,341
3	2022000000	1	00000	世帯人員	人	2.91
4	2022000000	2	00000	18歳未満人員	人	0.54
5	2022000000	2	00000	65歳以上人員	人	0.84
6	2022000000	3	00000	65歳以上人員のうち無職者人員	人	0.67
7	2022000000	1	00000	有業人員	人	1.33
8	2022000000	1	00000	世帯主の配偶者のうち女の有業率	%	40.9
9	2022000000	1	00000	世帯主の年齢	歳	60.1
10	2022000000	1	00000	持家率(持家)	%	85.1
11	2022000000	3	00000	平均畳数(持家)	畳	39.5
12	2022000000	2	00000	持家のうち住宅ローンを支払っている世帯の割合	%	…
13	2022000000	2	00000	平均畳数(持家のうち住宅ローンを支払っている世帯)	畳	…
14	2022000000	1	00000	家賃・地代を支払っている世帯の割合	%	13.5
15	2022000000	3	00000	平均畳数(家賃・地代を支払っている世帯)	畳	24.8
16	2022000000	3	00000	消費支出	円	290,865
17	2022000000	4	1	食料	円	77,474

問題 11-1

世帯の支出に関係する統計表のダウンロード

支出は年間収入の他にもさまざまな調査項目（変数）と関連性をもっていることが予想されます。たとえば、つぎのような問題意識が考えられます。

(1) 自宅が持ち家である場合と借家である場合の違いによって、同じ年間収入階級でも家計の状況は異なるのではないだろうか。

(2) 世帯員の構成によって収入や支出に違いが存在するのではないだろうか。

これらの問題意識に対応した統計表をダウンロードしてみましょう。例題 11-1 で検索した統計表一覧のなかから選んでください。なお、持ち家と借家の別は「住宅の所有関係」、世帯員の構成は「世帯類型」という変数に含まれています。

（解答は p. 155）

> クイズ 11（解答）のように、複数の統計表を確認しなければ、真実を見誤る可能性があります。

図書館における統計表の閲覧

Point

☐ 統計表は並べて観察する方がわかりやすい。

☐ 統計調査報告書には,調査の概要や用語の定義,調査の精度がすべて含まれている。

☐ 図書館ではレファレンスサービスを受けることができる。

インターネットによる統計表の閲覧とダウンロードは便利な手段ですが,統計表の閲覧に慣れていない人にとっては,図書館で統計調査報告書に掲載されている統計表を閲覧した方が効率的です。図書館での閲覧が効率的である第一の理由は,目的の統計表をすぐに探し出すことができる点にあります。たとえば,世帯の収入や支出に影響を及ぼす変数は,世帯主の性別や年齢,職業のほか,有業人員,世帯類型,住宅の所有関係など多数挙げられます。これらの統計表はページをめくれば続けて掲載されていますので,確認は容易です。また,5年前や10年前の収支状況との比較を実施したい場合もあります。2時点間を比較する際には,統計調査報告書を並べて観察した方が効率的です。

さらに,統計調査報告書には,調査の概要や用語の定義,調査の精度といった統計表を使用するうえで必要な項目すべてが掲載されています。インターネットによる閲覧を実施した人は,これらの確認が面倒であることを体験したと思います。

column

レファレンスサービス

一般的にあまり知られていない図書館のサービスにレファレンスサービスがあります。レファレンスサービスとは,利用者の知りたい内容に関する情報源を提示する人的サービスです。東京都立図書館のレファレンス事例に,つぎのような質問例が挙げられています。

●最近5年間の国内の高校卒業後の進路状況のうち,就職者数と就職率を調べる方法はありますか?

●日本に来ている外国人の数(国別),観光で外国に出かけた日本人の数について20〜30年分を時系列で調べられる資料はありますか?

このような質問に対して,図書館の専門的職員は,その情報源(資料名や所蔵場所など)を調べてくれます。もちろん,情報源の内容を調べるのは質問者自身です。また,レファレンスサービスでは質問してはいけないこともあります。それは,宿題や課題などの解答を求める質問や人生相談,健康相談などです。

図書館において，さまざまな変数に基づく統計表を観察することで，新たな問題意識も生じてくるはずです。レポート作成のために必要な統計表は閲覧時にメモをとり，あとでインターネットによるダウンロードを行えばよいでしょう。

統計データの入手方法

紹介した2つの Web サイト（e-Stat サイト，日銀データ検索サイト）が提供している統計データのほとんどは集計データです。つまり，第3章で説明した集計を実施したあとの度数のみを得ることができます。このため，観測値の散らばりなどの情報は得ることができず，第7章から第10章までに説明した統計量の計算は不可能となります。

それでは，統計量の計算を実施できるような統計データ（第2章参照）を入手することはできるのでしょうか。統計データをダウンロードすることのできる海外の Web サイトはいくつかあります。たとえば，米国の国勢調査データを格納した IPUMS-USA の Web サイトや OECD の生徒学習到達度調査データを格納した OECD PISA の Web サイトなどです。ただし，これらの統計データを使用する際には，調査内容や変数の定義など統計データのさまざまな背景を理解する必要があります。加えて，統計調査の理論や統計分析ソフトウェアの利用方法を学ぶなどいくつかの学習過程が必要となるでしょう。

大学院生や学部学生は，指導教員との共同研究において匿名データ（個人や企業などの識別ができないように加工した統計データ）を利用することができます。

日本においても，公的統計の二次的利用制度において統計データの利用が可能ですが，一定の公益性を確保するために，いくつかの条件が課せられています。

講義のまとめ

①統計表や集計データは，インターネット経由で簡単にダウンロードできます。
②統計表における変数の定義や調査の概要，調査の精度は必ず確認しましょう。
③2変数や3変数の統計表では把握できない状況もあります。図書館で統計表を並べて観察してみましょう。

確認テスト

以下の説明文は正しいのでしょうか，あるいは間違っているのでしょうか。Web サイトで，就業構造基本調査の「用語の解説」を見て判断してください。
(1) 収入はすべて単身赴任中の夫からの送金なので，世帯主は夫である。
(2) 学生だが，週2回アルバイトもしているので，有業者である。　(解答は p. 155)

第12章

統計データの整理

この章で学ぶこと

● 統計データを整理する一連の流れを学びます。

● 統計データの整理における注意点を学びます。

● 統計量やグラフ表現の選択を理解します。

記述統計学に関するさまざまな事項を各章で個別に学んできました。この章では，それらを総合して統計データを整理します。統計データの整理とは，統計データの確認や統計表作成，グラフ表現，統計量計算，文章表現などを含んでいます。

クイズ ● 12　どちらが先？　グラフ表現と統計量計算

　統計データを取得して，それらの情報を表現するときには，どのような順序で実施した方がよいのでしょうか。統計データの出所や尺度などを確認する作業は，はじめに実施しなければならない過程です。この過程において，統計データは比例尺度であるとわかったとします。統計データを整理する順序として，つぎの A と B では，どちらの方がよいと思いますか？

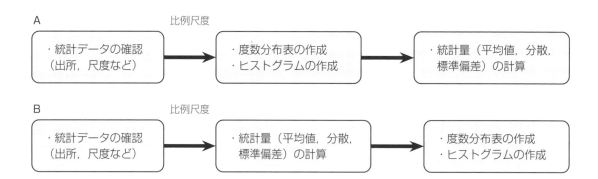

A

比例尺度

・統計データの確認
（出所，尺度など）
→
・度数分布表の作成
・ヒストグラムの作成
→
・統計量（平均値，分散，標準偏差）の計算

B

比例尺度

・統計データの確認
（出所，尺度など）
→
・統計量（平均値，分散，標準偏差）の計算
→
・度数分布表の作成
・ヒストグラムの作成

比例尺度は量的データでしたね。まず，なにを確認すればよいのでしょうか。解答は 136 ページ。

統計データの整理と注意点

Point

☐ 統計データの整理には順序がある。

☐ 統計学の各方法には適用不可能な状況が存在する。

これまで統計量やグラフ表現など，個別の記述統計学の適用について学んできました。しかし，記述統計学の適用をどのような順序で実施するのかについては詳しく説明していません。ここでは，統計データ整理の流れに沿って，学んできた内容をまとめるとともに，適用に注意する点についても指摘します。復習として確認していきましょう。

(1) 統計データの確認

①統計データの出所や対象を確認します。

・統計調査の概要や用語の定義，調査の精度を記述します。 11章

・何を対象とした統計データであるのか（世帯 or 個人など）を明確にしておきます。

②統計データの種類を変数別に確認します。

・質的データか，あるいは量的データか。 2章

注意 質的データと量的データの別によって取り扱いが異なります。

(2) 統計表の作成

集計データである場合には，この過程「(2) 統計表の作成」は必要ありません。ただし，再集計（県別人口を地方別人口に再集計するなど）を行うときには必要となります。

①統計データを集計します。 3章

・量的データの場合，集計のための区分を決定してから観測値の個数を数えます。

②統計表に表題や注，資料名を記述します。 3章

・「(1) 統計データの確認」で把握した内容を記述します。

・統計表作成に用いたすべての変数名を表題に入れます。

注意 資料名や用語の定義は必ず記述するようにしましょう。

(3) グラフの作成

①統計表をグラフに表現します。 4章

・棒グラフ：度数の大きさや構成比を表現します。質的データの度数など。

・ヒストグラム：横軸が量的データの場合，面積で度数を表現します。

注意 横軸が質的データか量的データかによりグラフ表現は異なります。

②度数分布が左右対称でないときには箱ひげ図を作成します。　9章

　注意　度数分布が左右対称であるときも箱ひげ図は有効です。

③2変数（量的データ）の関連を見るときには散布図を作成します。　10章

④グラフに題目や軸の名称，単位，凡例，統計データの出所を記述します。

　4章

　注意　グラフ内に「(1) 統計データの確認」で把握した内容を記述します。

(4) 統計量の計算

①1変数の統計量を求めます。

　　・中心の位置の統計量（平均値，中央値）を計算します。　5章

　注意　平均値と中央値が大きく異なるときは分布が歪んでいます。

　　・散らばりの統計量を求めます。　7章　9章

　注意　度数分布が左右対称のときは標準偏差，左右対称ではないときは四分位数や四分位範囲を求めます。

②2変数の関連を示す統計量を求めます。　10章

　注意　散布図が線形関係を表すときは，相関係数により関連性を測ります。

③時系列データの場合，変化率や寄与度，寄与率を求めます。　6章

(5) 統計量の活用

①度数分布の拡がりを変動係数で測ります。　8章

　注意　いくつかの観測値が負の値をとる場合や度数分布が左右対称でない場合，外れ値が存在する場合などは適用に問題が生じる可能性があります。

クイズ12の解答 ▶ A

比例尺度という量的データの場合，まずは度数分布を確認することが重要です。そして，左右対称の分布であることがわかったならば，標準偏差を用いて散らばりを表現します。左右対称の分布でないときには，四分位数や箱ひげ図で散らばりを表現します。

比例尺度　　　　　　　　　　　　　　　　　分布が左右対称である

| ・統計データの確認（出所，尺度など） | → | ・度数分布表の作成　・ヒストグラムの作成 | → | ・統計量（平均値，分散，標準偏差）の計算 |

・統計量（平均値，中央値，四分位数）の計算
・箱ひげ図の作成

分布が左右対称ではない

第 12 章●統計データの整理

②観測値の相対的な位置を標準化で求めます。　8章

　注意　度数分布が左右対称でない場合や外れ値が存在する場合などは適用に問題が生じる可能性があります。

(6) 結果の文章表現

①グラフからわかることを記述します。

　・分布の形状 (左右対称, 外れ値の存在など) を変数や区分別に比べます。

②統計値からわかることを記述します。

　・中心の位置や散らばりの統計値を変数や区分別に比べます。

　・変動係数の比較により分布の拡がりを変数や区分別に比べます。

　・標準化した値から観測値の相対的な位置を説明します。

③時系列データの場合, 変化を文章で表現します。　6章

　・構成要素の寄与度, 寄与率により変化の要因を説明します。

　注意　増加 (減少), 上昇 (下降), 拡大 (縮小) の用語を使い分けましょう。

さらに深く学ぶための書籍

『数字で語る―社会統計学入門』 ハンス・ザイゼル/佐藤郁哉訳　新曜社　2005 年
　本書は「Say It With Figures」の翻訳で, 統計表に基づく数字による表現の仕方について説明しています。統計表を比率で表すときに, 列と行のどちらでパーセント表示にすればよいのかなど, 具体例を含めた説明はわかりやすく, 統計表の効果的な表現を勉強するのに適しています。

『経済統計の実際』 日本統計学会編　東京図書　2020 年
　統計検定統計調査士に対応して, その出題範囲に関する事項を説明しています。統計の意義と役割, 統計法規, 統計調査の基本的知識に加えて, 統計の見方や統計データの利活用において, 度数分布やヒストグラム, 2 変数の関係の実例が示されています。

『統計グラフ』 上田尚一　朝倉書店　2003 年
　統計グラフの作成方法や効用について多数の具体例を挙げて説明しています。さまざまな例をみることでグラフの良い点と悪い点を理解できるようになるでしょう。『プレステップ統計学Ⅰ』では説明していないさまざまなグラフ様式の知識を, 本書から得ることができます。

『知の統計学 2　ケインズからナイチンゲール, 森鷗外まで』 福井幸男　共立出版　1997 年
　統計学の発展に貢献してきた人物をとりあげて, そのエピソードから統計学の歴史と有効性を紹介しています。とくにケトレーのエピソードから記述統計学の重要性を理解できるでしょう。同じシリーズの『知の統計学 1　株価からアメリカンフットボールまで』や『知の統計学 3　生命保険から証券投資, 会計監査まで』も豊富な事例が興味深いおすすめの書籍です。

『JMP によるデータ分析　第 3 版』 内田治, 平野綾子　東京図書　2020 年
　大量の統計データを整理するためには統計解析ソフトウェアが必要となります。本書は, 統計解析ソフトウェア JMP の使用方法を説明したものです。第 12 章総合問題 2 で提示したヒストグラムや散布図の表現には JMP を用いました。

137

統計学に関する資格

統計学に関する資格検定として「統計検定」が2011年に発足しました。統計検定とは，統計に関する知識や活用力を評価する全国統一試験です。統計検定には1級から4級までのレベルがあり，本書『プレステップ統計学Ⅰ』の内容は，統計検定3級の範囲に該当しています。3級の範囲には，確率，確率分布，統計的な推測（『プレステップ統計学Ⅱ』の内容）も含まれていますが，その他の項目のほとんどは本書『プレステップ統計学Ⅰ』で解説した内容です。

本書を12章まで学んできた方には，統計検定3級試験の受検をおすすめします。また，『プレステップ統計学Ⅱ』で学ぶ主な内容は，確率や標本調査，統計的推定，検定などであり，統計検定2級試験の範囲に該当します。

統計検定のWebサイト（http://www.toukei-kentei.jp/）では，試験問題の例も公表されています。本書で学んだ統計学の知識で解くことができますので，ぜひ閲覧してみてください。

本書『プレステップ統計学Ⅰ』の内容	統計検定4級の具体的な内容
・統計学とは何か ・統計データの分類 　（名義尺度，順序尺度，間隔尺度，比例尺度） ・統計データの集計（度数分布表） ・統計表のグラフ表現 　（横棒グラフ，棒グラフ，ヒストグラム） ・中心の位置の統計量（平均値，中央値） ・変化を表現する統計量 　（寄与度，寄与率） ・散らばりの統計量（分散，標準偏差） ・標準偏差の活用（標準化，変動係数） ・散らばりのグラフ表現 　（四分位数，四分位範囲，箱ひげ図） ・2変数の関連性（散布図，相関係数） ・統計データの入手方法（e-Statなど） ・統計データの整理	・統計的問題解決の方法 ・データの収集（データの種類，標本調査） ・統計グラフ（基本的なグラフ［棒グラフ・折れ線グラフ・円グラフなど］の見方・読み方） ・データの集計（度数分布表，ヒストグラム［柱状グラフ］） ・データの代表値（平均値・中央値・最頻値） ・分布の散らばりの尺度とグラフ表現（範囲，箱ひげ図） ・クロス集計表（2次元の度数分布表，行比率，列比率） ・時系列データの基本的な見方（指数・増減率） ・確率の基礎（確率，樹形図） 出題範囲の詳細については統計検定のWebサイトで「出題範囲表」を参照してください。
	統計検定3級の具体的な内容
	4級の内容に加え，以下の内容を含みます。 ・データの種類（量的変数，質的変数，名義尺度，順序尺度，間隔尺度，比例尺度） ・標本調査と実験（母集団と標本，実験の基本的な考え方，国勢調査） ・統計グラフとデータの集計（1変数データ，2変数データ） ・時系列データ（時系列グラフ，指数（指標），移動平均） ・データの散らばりの指標（四分位数，四分位範囲，分散，標準偏差，変動係数） ・データの散らばりのグラフ表現（箱ひげ図，はずれ値） ・相関と回帰（散布図，擬相関，相関係数，相関と因果，回帰直線） ・確率（独立な試行，条件付き確率） ・確率分布（確率変数の平均・分散，二項分布，正規分布，二項分布の正規近似） ・統計的な推測（母平均・母比率の標本分布，区間推定，仮説検定） 出題範囲の詳細については統計検定のWebサイトで「出題範囲表」を参照してください。

＜問題状況＞

20代（20〜29歳）の雇用者に関する雇用形態と年間収入の統計データを表1に示します。雇用形態は，正規の職員・従業員と非正規雇用（パート・アルバイト，派遣社員，契約社員）の2区分に分かれています。なお，この統計データは，実際の統計調査の結果（2004年）に基づいて擬似的に作成したものです。このため，出所を示していません。

表1 20代（20〜29歳）雇用者の雇用形態と年間収入に関する統計データ

個人番号	雇用形態	年間収入（万円）	個人番号	雇用形態	年間収入（万円）	個人番号	雇用形態	年間収入（万円）
1	1	142	19	1	278	36	2	32
2	1	159	20	1	283	37	2	45
3	1	176	21	1	294	38	2	56
4	1	183	22	1	304	39	2	71
5	1	199	23	1	316	40	2	85
6	1	203	24	1	327	41	2	93
7	1	215	25	1	329	42	2	107
8	1	217	26	1	340	43	2	114
9	1	224	27	1	344	44	2	129
10	1	228	28	1	351	45	2	148
11	1	234	29	1	374	46	2	162
12	1	241	30	1	398	47	2	187
13	1	248	31	1	416	48	2	194
14	1	253	32	1	438	49	2	227
15	1	257	33	1	447	50	2	240
16	1	261	34	1	486	51	2	275
17	1	265	35	1	534	52	2	364
18	1	275						

雇用形態（1：正規の職員・従業員，2：非正規就業者（パート・アルバイト，派遣社員，契約社員，その他））

本章の確認テストは，これまで学んだ内容に関する総合的な問題演習です。解答は156ページ。

(1) 記号表現と尺度の選択 [2章の復習]

表1の統計データを記号で表すと，つぎのようになります。

> x_{ij}
> i は個人番号，j は項目を表す。
> $j=1$：雇用形態，$j=2$：年間収入（万円）

この統計データは多変数データであり，かつ横断面データに分類されます（26ページ例題2-2参照）。それでは，変数である「雇用形態」と「年間収入」は何の尺度に分類されるでしょうか。4つの尺度（名義尺度，順序尺度，間隔尺度，比例尺度）のなかから選択してください。

雇用形態… ☐ 尺度　　　年間収入… ☐ 尺度

(2) 幹葉表示の作成 [3章の復習]

　表1の統計データに基づいて，図1に幹葉表示を作成してください。図1は，左側の葉の部分に正規の職員・従業員の年間収入を，右側の葉の部分に非正規雇用の年間収入を表現したものです。正規の職員・従業員の年間収入については作成してありますので，非正規雇用の年間収入について図1に書き入れてください。この幹葉表示では，年間収入の1の位は切り捨てて表現し，100万円の位では2段（10万円の位が「0から4まで」と「5から9まで」）に分けています。

たとえば，年間収入159万円の場合（個人番号2），1の位を切り捨てて，100万円の位の2段目の葉に「5」と表します。

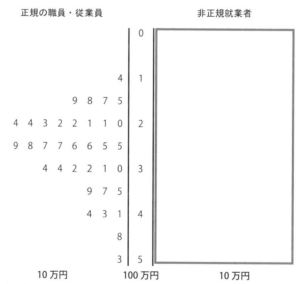

正規の職員・従業員　　　　　　　　　　非正規就業者

```
                                0 │ 0
                            4 │ 1
                      9 8 7 5 │ 2
        4 4 3 2 2 1 1 0 │ 2
        9 8 7 7 6 6 5 5 │ 
                4 4 2 2 1 0 │ 3
                        9 7 5 │ 3
                        4 3 1 │ 4
                              8 │ 4
                              3 │ 5
```
10万円　　　　　　100万円　　　　10万円

注：年間収入の1の位は切り捨てた。

図1　20代（20〜29歳）雇用者　雇用形態別　年間収入に関する幹葉表示

(3) 度数分布表の作成 [4章の復習]

　つぎに，作成した幹葉表示（図1）から度数分布表を作成しましょう。区分は100万円単位として集計を行い，最後に総数の欄を計算します。幹葉表示では，1の位を切り捨てたため，単純に観測値の数をかぞえることにより度数分布表を作成することができます。

表2　20代（20〜29歳）雇用者　雇用形態、年間収入別　雇用者数

雇用形態	総数	年間収入						
		100万円未満	100万円〜200万円未満	200万円〜300万円未満	300万円〜400万円未満	400万円〜500万円未満	500万円〜600万円未満	600万円以上
総　数								
正規の職員・従業員								
非正規就業者								

注：非正規就業者は，パート・アルバイト，派遣社員，契約社員，その他を含む。

140

(4) ヒストグラムの作成　4章の復習

　完成した表2からグラフを作成しましょう。横軸となる年間収入は量的データですので，ヒストグラムを作成することができます。図2には正規の職員・従業員の年間収入に関するヒストグラムを描いていますので，表2に基づいて非正規就業者の年間収入に関するヒストグラムを描いてください。このとき，ヒストグラムを縦に並べる（比較のために横軸を合わせる）ことにより雇用形態別に度数分布の違いを確認することができます。

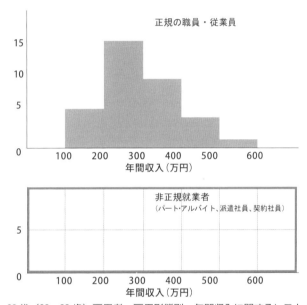

図2　20代（20〜29歳）雇用者　雇用形態別　年間収入に関するヒストグラム

(5) 平均値，標準偏差の計算　5章・7章の復習

　雇用形態別に2つの集団（正規の職員・従業員と非正規就業者）に分けて，それぞれの平均値や分散，標準偏差を計算しましょう。例として，正規の職員・従業員の統計量に関する計算を表3に示しますので，同じように表4を用いて非正規就業者に関する統計値を求めてください。

＜例：正規の職員・従業員の年間収入の平均値，標準偏差＞

　正規の職員・従業員の年間収入の平均値は，観測値の合計が10239であることから，10239を統計データの大きさ35で割って292.5428…となり，有効桁数を統計データよりも1桁多くとり，292.5とします。そして，平均値292.5からの偏差を求めて，偏差の二乗和を計算します。このとき，平均値からの偏差の和は1.5であり，0になりませんが，これは平均値を小数点以下1桁で丸めたことによる計算上の誤差です。偏差の二乗和301946.75と統計データの大きさ35から，分散と標準偏差は以下のように計算できます。

$$n_1=35, \quad \sum(x_{i1}-\overline{x_1})^2=301946.75,$$

$$S_x^2=\frac{1}{n_1}\sum(x_{i1}-\overline{x_1})^2=\frac{1}{35}\times301946.75=8627.05$$

$$S_x=\sqrt{S_x^2}=\sqrt{8627.05}=92.8819\approx92.9$$

表3　正規の職員・従業員の年間収入に関する
　　　分散の計算表

i	x_{i1}	$x-\overline{x_1}$	$(x_{i1}-\overline{x_1})^2$
1	142	-150.5	22650.25
2	159	-133.5	17822.25
3	176	-116.5	13572.25
4	183	-109.5	11990.25
⋮	⋮	⋮	⋮
34	486	193.5	37442.25
35	534	241.5	58322.25
合計	10239	1.5	301946.75
平均値	292.5		

表4　非正規就業者の年間収入に関する分散の計算表

i	x_{i2}	$x_{i2}-\overline{x_2}$	$(x_{i2}-\overline{x_2})^2$
36	32		
37	45		
38	56		
39	71		
40	85		
41	93		
42	107		
43	114		
44	129		
45	148		
46	162		
47	187		
48	194		
49	227		
50	240		
51	275		
52	364		
合計			
平均値			

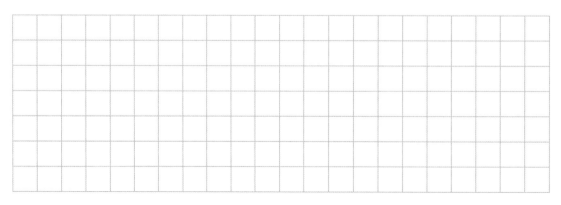

(6) 箱ひげ図の作成　9章の復習

　雇用形態別に年間収入に関する箱ひげ図を作成しましょう。まず，箱ひげ図を作成するために必要な情報である表5の空欄を埋めて，図3上に箱ひげ図を横方向に作成してください。

表5　雇用形態別年間収入に関する箱ひげ図作成に必要な情報

（万円）		正規の職員・従業員	非正規就業者
四分位数	25％点　　　第一四分位数		
	50％点　　　中央値		
	75％点　　　第三四分位数		
	四分位範囲（75％点−25％点）		
範囲の計算	第一四分位数−1.5×四分位範囲		
	第三四分位数＋1.5×四分位範囲		
ひげの範囲	範囲内で最小の観測値		
	範囲内で最大の観測値		
外れ値	範囲外の観測値		

注：範囲外の観測値がない場合「—」と記入する。

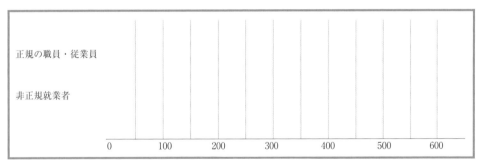

図3　20代（20〜29歳）雇用者　雇用形態別　年間収入に関する箱ひげ図

(7) 結果の考察

　問題演習を行った20代雇用者の年間収入と，問題9-2（106ページ図9-4参照）で示した30歳未満の単身勤労者世帯の年間収入を比較します。それぞれの分類は，雇用形態別と男女別で異なりますが，本問（総合問題1）における結果の方が，全体的に年間収入が低いように感じます。なぜでしょうか。理由を考えてみましょう。

表 6 に 2022 年サッカー J1 リーグの成績を表します。表 6 は平均値や標準偏差と変動係数の統計値を，図 4 は 1 変数のヒストグラム，図 5 は 2 変数の散布図と相関係数を表しています。図は統計解析ソフトウェア JMP を用いて表現しました。このように，統計解析ソフトウェアを用いると簡単にグラフを作成することができます。

はじめに，これらの図表（表 6，図 4，図 5）を観察してから，説明文 A，B，C を読んでください。説明文が適切であれば○，適切でなければ×に印をつけましょう。

A 　負け数と失点は正の相関関係にあることがわかる.　　　　　　［○ or ×］

B 　最も多い勝利数 20 のチームは 2 チームあり，勝利数の箱ひげ図において，この 2 チームは外れ値として表現されている。　　　　　　［○ or ×］

C 　勝利数の変動係数は 0. 32，負け数の変動係数は 0. 26 であるため，負け数よりも勝利数の分布の拡がりの方が大きい。　　　　　　　　　　　　［○ or ×］

表 6　2022 年サッカー J1 リーグの成績

チーム名	勝利数	引き分け数	負け数	得点	失点
札幌	11	12	11	45	55
鹿島	13	13	8	47	42
浦和	10	15	9	48	39
柏	13	8	13	43	44
FC 東京	14	7	13	46	43
川崎 F	20	6	8	65	42
横浜 FM	20	8	6	70	35
湘南	10	11	13	31	39
清水	7	12	15	44	54
磐田	6	12	16	32	57
名古屋	11	13	10	30	35
京都	8	12	14	30	38
G 大阪	9	10	15	33	44
C 大阪	13	12	9	46	40
神戸	11	7	16	35	41
広島	15	10	9	52	41
福岡	9	11	14	29	38
鳥栖	9	15	10	45	44
平均値	11.6	10.8	11.6	42.8	42.8
標準偏差	3.8	2.6	3.0	11.4	6.2
変動係数	0.32	0.24	0.26	0.27	0.14

資料：J リーグデータサイト（https://data.j-league.or.jp/SFTP01/）

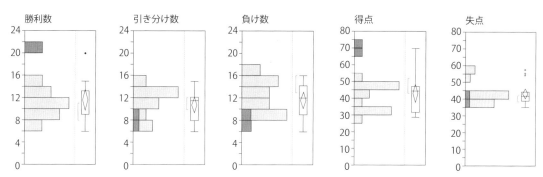

注：色の濃い部分は上位 2 チームの観測値を表している。

資料：J リーグデータサイト（https://data.j-league.or.jp/SFTP01/）

図4　2022 年サッカー J1 リーグの勝利数，引き分け数，負け数，得点，失点に関するヒストグラムと箱ひげ図
　　（統計解析ソフトウェア JMP による表現）

相関

	勝利数	引き分け数	負け数	得点	失点
勝利数	1.000	-0.610	-0.729	0.833	-0.423
引き分け数	-0.610	1.000	-0.097	-0.337	0.115
負け数	-0.729	-0.097	1.000	-0.756	0.432
得点	0.833	-0.337	-0.756	1.000	-0.089
失点	-0.423	0.115	0.432	-0.089	1.000

散布図行列

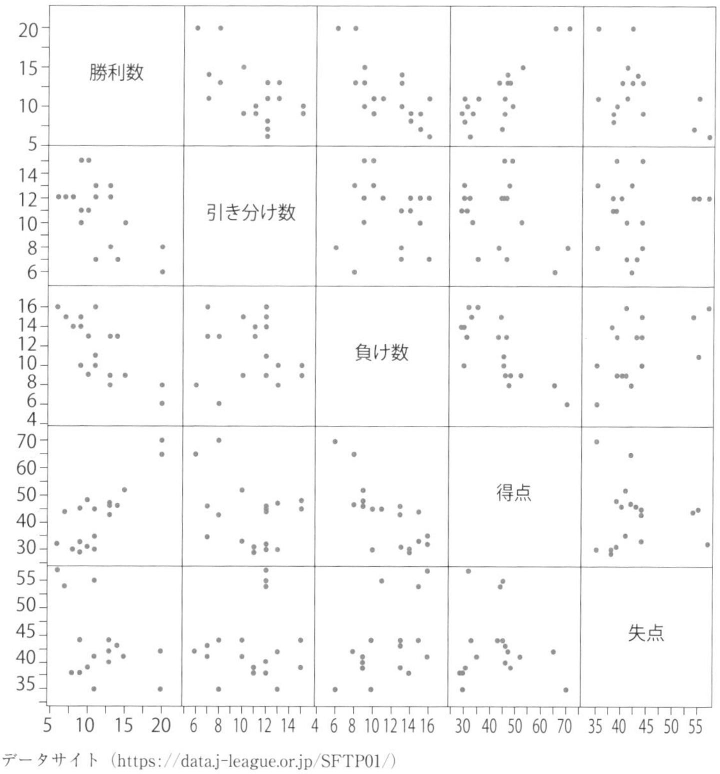

資料：J リーグデータサイト（https://data.j-league.or.jp/SFTP01/）

図5　2022 年サッカー J1 リーグの勝利数，引き分け数，負け数，得点，失点に関する散布図と相関係数
　　（統計解析ソフトウェア JMP による表現）

問題 2-1 の解答 ▶

データ⑤**個人年間収入**　比例尺度

データ⑥**脈拍**　比例尺度

データ⑦**今後の生活見通し**　名義尺度：「わからない」という選択肢に順序がつかないため「名義尺度」と判断します。この選択肢を除けば「順序尺度」となります。

データ⑧**気温**　間隔尺度；気温（摂氏）の 0℃ は絶対的な 0 ではないため，気温は温度差のみが意味をもつ「間隔尺度」です。

データ⑨**J1 リーグの得点合計**　比例尺度

データ⑩**世帯年間収入**　順序尺度：年収の含まれる区分を選択する形式であるため，足し算や引き算ができません。しかし，収入の高低により順序をつけることはできるため，「順序尺度」となります。

問題 2-2 の解答 ▶

(1) 勝率は，絶対的な 0 が存在し，比が意味をもつため，比例尺度に分類されます。

(2)

表 2-8　パシフィックリーグ公式戦順位（1998 年，2018 年）

チーム i	順位 x	
	1998 年 x_1	2018 年 x_2
西武	1	1
日本ハム	2	3
オリックス	3	4
ソフトバンク （2004 年度ダイエーから球団株式を取得）	4	2
近鉄 （2004 年度オリックスと合併）	5	―
ロッテ	6	5
楽天 （2005 年度創設）	―	6

注 1：チーム名は 2018 年度におけるチーム名である。
注 2：存在しないチームの結果は「―」で表す。
資料：日本野球機構サイト（http://npb.jp/）など

(3) 表 2-8 の統計データは時系列データであり，かつ横断面データです。まず，1998 年と 2018 年という 2 時点の統計データであることから時系列データです。また，同じ時点のチーム別データであるため横断面データでもあります。このように，両者の性質をもつ統計データをパネルデータ（panel data）と呼ぶこともあります。

問題 3-1 の解答 ▶

(1) 36 世帯の統計データの集計結果は下表のとおりです。

男女	総数	年間収入階級					
		200 万円未満	200〜300 万円	300〜400 万円	400〜500 万円	500〜600 万円	600 万円以上
総　数	36	5	10	11	8	2	0
男性	23	2	5	8	6	2	0
女性	13	3	5	3	2	0	0

(2) 度数は絶対的な 0 をもつので，比例尺度になります。

問題 3-2 の解答 ▶

(1) 男女別年齢の幹葉表示は下図のとおりです。

```
    男　性                  10 の位                  女　性
            5 3  │ 6 │
          9 5 0  │ 5 │ 3 7
        8 7 4 3  │ 4 │ 3 4 6 6 8
    9 7 6 4 2 1  │ 3 │ 5 7 8 9
    8 6 5 1 0    │ 2 │ 2 4 6 8 8 9 9 9 9
            9 7  │ 1 │ 9 9
```

(2) 女性において 29 歳の回答が多く，30 歳代前半の回答がない。

> インターネット上の無記名の調査では，事実とは異なる回答が比較的多いと言われています。幹葉表示では数値の情報を含んでいるため，調査の背景について類推することが可能です。このケースでは，30 歳代前半の女性が年齢を過小申告している可能性があります。

**第 3 章
確認テストの解答 ▶**

表 3-6　単身世帯（20〜49 歳）年齢 10 歳階級，移動電話通信料別世帯数

年齢 10 歳階級	総数	移動電話通信料							
		2 千円未満	2 千円〜4 千円未満	4 千円〜6 千円未満	6 千円〜8 千円未満	8 千円〜1 万円未満	1 万円〜1 万 5 千円未満	1 万 5 千円〜2 万円未満	2 万円以上
総　数	98	11	16	21	15	11	14	7	3
20〜29 歳	41	3	5	9	8	6	6	3	1
30〜39 歳	33	3	6	7	5	4	4	2	2
40〜49 歳	24	5	5	5	2	1	4	2	0

注 1：移動電話とは，携帯電話，PHS の総称である。
注 2：移動電話通信料 0 円は，移動電話を所有していない場合を含む。
資料：単身家計消費実態調査

問題 4-1 の解答 ▶　　相対度数の計算結果は下表の通りです。この統計表では総数を表示しているため，総数に相対度数を乗じることにより度数を計算することができます。構成比グラフで説明したことと同様に，相対度数を統計表に示す際には，総数も含めて表現した方が良いでしょう。

25〜34 歳の女性 最終学歴	総　数	現在の就業状況（相対度数）					
		正社員(公務含む)	パート・アルバイト	契約・派遣等	自営・家業	失業	その他
総　数	1420	0.613	0.166	0.131	0.043	0.025	0.021
高卒	146	0.308	0.356	0.178	0.055	0.048	0.055
専門卒	249	0.550	0.209	0.141	0.044	0.040	0.016
短大・高専卒	115	0.513	0.183	0.200	0.061	0.035	0.009
大学卒	768	0.734	0.102	0.115	0.033	0.007	0.013
大学院卒・中退	70	0.757	0.043	0.100	0.043	0.057	0.000
高校中退	25	0.160	0.520	0.160	0.120	0.040	0.000
高等教育中退	46	0.348	0.261	0.130	0.065	0.109	0.087

注：「第 4 回若者のワークスタイル調査」は 2016 年 5 月，6 月に実施された調査である。調査は東京都の 25〜34 歳の若者 8000 人を対象とし，回収率は 37.4%であった。
資料：第 4 回若者のワークスタイル調査（労働政策研究・研修機構「大都市の若者の就業行動と意識の分化—第 4 回若者のワークスタイル調査から—」，労働政策研究報告書 No.199 2017）

問題 4-2 の解答 ▶

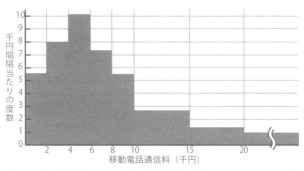

図 4-7　単身世帯(20〜49 歳) 移動電話通信料に関するヒストグラム

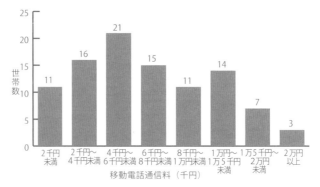

棒グラフによる表現（不適切な表現）

　ヒストグラムでは，「4千円〜6千円未満」の区分を頂点にした分布状況を把握することができます。一方，棒グラフで表現してしまうと，「1万円〜1万5千円未満」の区分にも山があるように見え（棒グラフによる表現を参照），間違った解釈をしてしまう可能性があります。また，元の統計データの最大値は2万2千円程度であることから（第3章の確認テスト参照），オープンエンドの区分「2万円以上」の間隔を3千円程度と定めることができました。このような情報がないときには，隣接する区分（1万円〜1万5千円未満）における間隔である5千円を用いるとよいでしょう。

第4章
確認テストの解答 ▶

　構成比グラフは棒グラフですので，棒の高さ（長さ）で度数を表現するグラフであり，モザイク図は領域の大きさで度数を表現するグラフです。

　A　構成比グラフ　度数を ［棒の高さ（長さ）で表現 or 領域の大きさで表現］

　B　モザイク図　　度数を ［棒の高さ（長さ）で表現 or 領域の大きさで表現］

問題5-1の解答 ▶

　図5-3は右のとおりです。関数 $g(a)$ が最小となるときの a の値は5.0となり，この値は中央値に一致します。つまり，絶対偏差の和 $\sum_{i=1}^{m} |x_i - a|$ を最小にする a は中央値です。

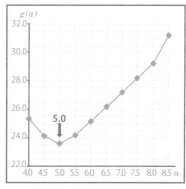

図5-3　絶対偏差の和 $g(a)$

第5章
確認テストの解答 ▶

(1) 年間収入が高い方から7番目の人は，13人の中でちょうど真ん中の位置にいることになります。この人の年間収入は中央値となりますので，267万円です。

(2) （平均値）×（総数）＝（総和）の関係から，332.25（平均値）×36（総数）＝11,961万円（総和）となります。

(1) a：6,877 万人，b：147 万人増加，c：61.9%，d：1.4%ポイント上昇

(2) 時系列

時系列データは，変化幅や変化率
による比較が意味を持ちます。こ
の章において例に挙げた統計デー
タはすべて時系列データです。

(1) 空欄の寄与度と寄与率は以下のように計算できます。

女性の寄与度：$0.5275 \times 0.430 = 0.227$

男性の寄与率：$32 \div 179 = 0.179$

女性の寄与率：$146 \div 179 = 0.816$

表 6-6　男女，年次別有業者数と寄与度，寄与率

	2012 年 10 月 万人	2017 年 10 月 万人	変化幅 万人	変化率 (a)	2012 年 10 月 構成比 (b)	寄与度 (a×b)	寄与率
有業者数	6,442	6,621	179	2.779%	1.000	2.8%	100%
男性	3,675	3,707	32	0.871%	0.570	0.5%	18%
女性	2,768	2,914	146	5.275%	0.430	2.3%	82%

注：寄与度は変化率と構成比の積，寄与率は全体の変化率における寄与度の構成比を表す。
資料：就業構造基本統計（総務省）

(2) 2012 年 10 月から 2017 年 10 月までの 5 年間の変化を表す文章例は以下のと
おりです。増加などの用語が間違っていなければ，文章は多少違っていても
かまいません。

◆表現例◆　就業構造基本調査（総務省）によると，2017 年 11 月の有業者数
は 6,621 万人であり，2012 年 10 月からの 5 年間で有業者数は 179 万人増加
（2.8%増）した。また，女性の寄与度は 82%であることから，この時期の有
業者数増加は女性の有業者数増加によって 82%を説明できることがわかった。

a：6,848，b：95，c：減少，d：20

問題 7-1 の解答 ▶

表 7-4　分散と標準偏差の計算表（1）

i	x_i	$x_i-\bar{x}$	$(x_i-\bar{x})^2$
1	68	-6.4	40.96
2	84	9.6	92.16
3	76	1.6	2.56
4	72	-2.4	5.76
5	72	-2.4	5.76
合計	372	0.0	147.20
平均値	74.4		

$$n-5,\quad \sum_{i=1}^{n}(x_i-\bar{x})^2=147.20,$$

$$s_x^2=\frac{1}{n}\sum_{i=1}^{n}(x_i-\bar{x})^2=\frac{1}{5}\times147.20=29.44$$

$$s_x=\sqrt{s_x^2}=\sqrt{29.44}=5.4258639865\approx5.4$$

問題 7-2 の解答 ▶

表 7-5　分散と標準偏差の計算表（2）

i	y_i	$y_i-\bar{y}$
1	-2	-6.4
2	14	9.6
3	6	1.6
4	2	-2.4
5	2	-2.4
合計	22	0.0
平均値	4.4	

すぐに気がついたのではないかと思いますが，平均値からの偏差は，問題 7-1 とまったく同じとなります。つまり，分散や標準偏差も問題 7-1 と同じ値です。

第 7 章　確認テストの解答 ▶

(1) 量的データ。質的データは和と差の計算ができないため，質的データに対して散らばりの統計量を計算しても意味はありません。

(2)

i	x_i	$x_i-\bar{x}$	$(x_i-\bar{x})^2$
1	668	-72	5184
2	830	90	8100
3	763	23	529
4	714	-26	676
5	725	-15	225
合計	3700	0	14714
平均値	740		

$$n=5,\quad \sum_{i=1}^{n}(x_i-\bar{x})^2=14714,$$

$$s_x^2=\frac{1}{n}\sum_{i=1}^{n}(x_i-\bar{x})^2=\frac{1}{5}\times14714=2942.8$$

$$s_x=\sqrt{s_x^2}=\sqrt{2942.8}=54.247580\approx54.2$$

　標準偏差は 54.2 となりますので，問題 7-1 の標準偏差 5.4 の約 10 倍となります。この統計データは問題 7-1 の統計データに比べて 10 倍散らばりが大きいと言えるのでしょうか。このことは第 8 章で学びます。

変動係数の値が最も大きいのは，9 歳と 10 歳のときの 0.048 です。女性における身長分布は，9 歳と 10 歳のときに散らばりが最も大きいことがわかります。個人差の大きい第 2 次性徴の時期は，男性よりも女性の方が早く訪れます。この状況を変動係数によって確認することができました。また，男性の 15 歳以上の変動係数は 0.034 と 0.035（表 8-2 参照）であり，女性の 13 歳以上の変動係数は同じく 0.034 と 0.035 です。身長の成長がおおむね終わった時期には，身長分布の散らばりは安定していることを理解することができます。

表 8-3 女性 年齢別 身長の平均値，標準偏差，変動係数

年齢	5 歳	6 歳	7 歳	8 歳	9 歳	10 歳	11 歳	12 歳	13 歳	14 歳	15 歳	16 歳	17 歳
平均値（cm）	110.1	115.8	121.8	127.6	134.1	140.9	147.3	152.1	155.0	156.5	157.3	157.7	158.0
標準偏差（cm）	4.86	4.98	5.22	5.68	6.40	6.83	6.47	5.78	5.35	5.34	5.36	5.46	5.39
変動係数	0.044	0.043	0.043	0.045	0.048	0.048	0.044	0.038	0.035	0.034	0.034	0.035	0.034

注：年齢は令和 3 年 4 月 1 日現在の満年齢である．
資料：令和 3 年度学校保健統計（文部科学省）

標準偏差を活用した変動係数，標準化は，すべての状況において意味をもつわけではありません。適用の制限について理解することは統計学を用いるうえで大変重要なことです。

統計データの状況	チェビシェフの不等式	変動係数	標準化
a　いくつかの観測値が負の値をとる。	○	×	○
b　度数分布が左右対称ではない。	○	×	×
c　統計データ内に外れ値が存在する。	○	×	×

○：適用可能、×：適用に問題が生じる可能性あり

図 9-2 から，統計データの大きさは 13 であるので，中央値は 7 番目の観測値である 267 万円です。例題 9-1 と同様にして，第一四分位数は 253 万円，第三四分位数は 350 万円と求めることができます。これから，四分位範囲は 97 万円（350－253＝97）となります。

単身勤労者世帯（30 歳未満）の年間収入について箱ひげ図を作成するために必要な情報を整理すると，ひげの範囲外に観測値は存在しません。このため，ひげは最大値と最小値の範囲を表します。この箱ひげ図によると，統計データの範囲は男女で大きな違いはありませんが，男性の中央値は女性の第三四分位数よりも高い値であることがわかります。また，この統計データは単身世帯のものですので，一人暮らしをすることができる収入を得ている人々に限定されていることに注意する必要があります。

表 9-2　男女別年間収入に関する箱ひげ図作成に必要な情報（解答）

（万円）		男性	女性
四分位数	25％点　　第一四分位数	275	253
	50％点　　中央値	370	267
	75％点　　第三四分位数	423.5	350
	四分位範囲（75％点−25％点）	148.5	97.0
範囲の計算	第一四分位数−1.5×四分位範囲	52.25	107.50
	第三四分位数＋1.5×四分位範囲	646.25	495.50
ひげの範囲	範囲内で最小の観測値	112	123
	範囲内で最大の観測値	543	487
外れ値	範囲外の観測値	―	―

注：範囲外の観測値がない場合「―」と記入する。

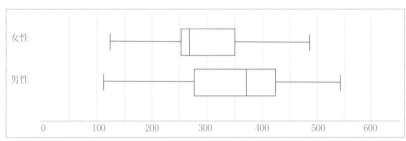

図 9-4　単身勤労者世帯（30 歳未満）　男女別　年間収入に関する箱ひげ図（解答）

第 9 章　確認テストの解答 ▶

　平均値に対応した統計量である分散や標準偏差は，1 つの値で統計データの散らばりを表します。度数分布が左右対称ではない場合には，左右それぞれで統計データの散らばり具合は異なりますので，1 つの値で散らばりを表現することはできません。また，分散は偏差平方の平均ですので，平均値から離れている外れ値が存在すると，値は大きくなります。一方，中央値に対応した四分位範囲や箱ひげ図は，度数分布が左右対称でなくても左右それぞれの状況を表現できます。さらに，箱ひげ図は外れ値の状況も示すことが可能です。

統計データの状況	分散や標準偏差	四分位範囲や箱ひげ図
a　度数分布が左右対称ではない。	×	○
b　統計データ内に外れ値が存在する。	×	○

○：適用可能，×：適用に問題が生じる可能性あり

問題 10-1 の解答 ▶ 共分散の値は −5.1 です。

表 10-4　桜の開花日と 3 月の平均気温に関する共分散の計算表（解答）

年 i	桜開花日 x_i	3 月気温 y_i	平均値からの偏差 $x_i - \bar{x}$	平均値からの偏差 $y_i - \bar{y}$	平均値からの偏差の積 $(x_i - \bar{x})(y_i - \bar{y})$
1	32	8.6	9.3	−1.76	−16.368
2	17	12.0	−5.7	1.64	−9.348
3	24	10.1	1.3	−0.26	−0.338
4	22	10.5	−0.7	0.14	−0.098
5	22	10.5	−0.7	0.14	−0.098
6	24	8.9	1.3	−1.46	−1.898
7	18	11.9	−4.7	1.54	−7.238
合計	159.0	72.50	0.1	−0.02	−35.386
平均値	22.7	10.36			

問題 10-2 の解答 ▶ 桜開花日と 2 月の日平均気温との相関係数

$$r_{xy} = \frac{s_{xy}}{s_x s_y} = \frac{\sum_{i=1}^{n}(x_i - \bar{x})(y_i - \bar{y})}{\sqrt{\sum_{i=1}^{n}(x_i - \bar{x})^2}\sqrt{\sum_{i=1}^{n}(y_i - \bar{y})^2}} = \frac{-4.329}{\sqrt{145.43 \times 5.0486}} \approx -0.61$$

＜解答＞

桜開花日と 2 月平均気温との相関係数	桜開花日と 3 月平均気温との相関係数
−0.16	−0.91

　2 月の日平均気温と桜の開花日との相関係数は −0.16 となります。相関係数の値を比較すると，桜の開花日と相関関係が強いのは 3 月の日平均気温であることがわかります。ただし，この相関関係の強弱は，神奈川県横浜市の 2012 年から 18 年までの 7 年の統計データに基づく結果ですので，地域や時期が違えば異なる結果となる可能性があります。

問題 11-1 の解答 ▶

　　それぞれの問題意識に基づくと，(1)「3-7　住居の所有関係別」と，(2)「3-6 世帯類型別」をダウンロードすることになります。地域別としては都道府県別にも統計表が公表されていますので，そちらから統計表をダウンロードして比較を行うことも可能です。

　　ただし，例題 11-1 や問題 11-1 では，家計調査の概要や用語の定義，調査の精度を調べていません。これらの内容すべてを探すことは大変な作業ですが，実際にWeb サイトで確認してみましょう。

第 11 章 確認テストの解答 ▶

(1)　間違っている

　　通常，世帯主とみなされる人であっても，出稼ぎや単身赴任・入院などで不在期間が 3 か月以上にわたる場合は，その配偶者を「世帯主」にするなど，必ず世帯員のうちからこれに代わる人を世帯主とします。

(2)　正しい

　　ふだん収入を得ることを目的として仕事をしており，今後もしていくことになっている人は有業者です。アルバイトをしている学生は，「通学が主で仕事もしている」人になります。

(1) 雇用形態：名義尺度，年間収入：比例尺度。

雇用形態の統計データは，正規の職員・従業員と非正規雇用に分けられており，その順序関係はないため，名義尺度になります。また，年間収入には絶対的なゼロが存在するため，比例尺度です。

(2)

図1　20代（20〜29歳）雇用者　雇用形態別　年間収入に関する幹葉表示

(3)

表2　20代（20〜29歳）雇用者　雇用形態，年間収入別　雇用者数

雇用形態	総数	年間収入						
		100万円未満	100万円〜200万円未満	200万円〜300万円未満	300万円〜400万円未満	400万円〜500万円未満	500万円〜600万円未満	600万円以上
総　数	52	6	12	19	10	4	1	0
正規の職員・従業員	35	0	5	16	9	4	1	0
非正規就業者	17	6	7	3	1	0	0	0

注：非正規就業者は，パート・アルバイト，派遣社員，契約社員，その他を含む。

(4)

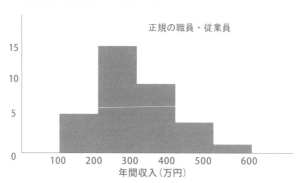

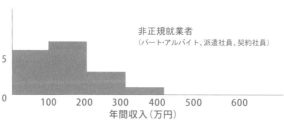

図2　20代（20〜29歳）雇用者　雇用形態別　年間収入に関するヒストグラム

(5) 雇用形態別の年間収入の平均値と標準偏差は，正規の職員・従業員が平均値 292.5 万円，標準偏差 92.9 万円，非正規就業者は平均値 148.8 万円，標準偏差 87.4 万円となります。

表 4　非正規就業者の年間収入に関する分散の計算表

i	x_{i2}	$x_{i2}-\overline{x_2}$	$(x_{i2}-\overline{x_2})^2$
36	32	-116.8	13642.24
37	45	-103.8	10774.44
38	56	-92.8	8611.84
39	71	-77.8	6052.84
40	85	-63.8	4070.44
41	93	-55.8	3113.64
42	107	-41.8	1747.24
43	114	-34.8	1211.04
44	129	-19.8	392.04
45	148	-0.8	0.64
46	162	13.2	174.24
47	187	38.2	1459.24
48	194	45.2	2043.04
49	227	78.2	6115.24
50	240	91.2	8317.44
51	275	126.2	15926.44
52	364	215.2	46311.04
合計	2529	-0.6	129963.08
平均値	148.8		

$$n_2=17,\ \sum(x_{i2}-\overline{x_2})^2=129963.08,$$

$$s_x^2=\frac{1}{n_2}\sum(x_{i2}-\overline{x_2})^2=\frac{1}{17}\times129963.08=7644.8871$$

$$s_x=\sqrt{s_x^2}=\sqrt{7644.8871}=87.4350\approx87.4$$

(6) 表5　雇用形態別年間収入に関する箱ひげ図作成に必要な情報（解答）

（万円）		正規の職員・従業員	非正規就業者
四分位数	25%点　　第一四分位数	226	85
	50%点　　中央値	275	129
	75%点　　第三四分位数	342	194
	四分位範囲（75%点−25%点）	116.0	109.0
範囲の計算	第一四分位数−1.5×四分位範囲	52.0	−78.5
	第三四分位数+1.5×四分位範囲	516.0	357.5
ひげの範囲	範囲内で最小の観測値	142	32
	範囲内で最大の観測値	486	275
外れ値	範囲外の観測値	534	364

注：範囲外の観測値がない場合「―」と記入する。

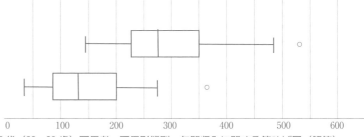

図3　20代（20〜29歳）雇用者　雇用形態別　年間収入に関する箱ひげ図（解答）

（7）両者の統計データの対象が異なるため，総合問題1における雇用者の年間収入の方が低くなります。総合問題1における統計データは**雇用者**が対象であり，問題9-2では**単身勤労者世帯**が対象です。単身世帯は1人暮らしをしている人で，雇用者は家族とともに暮らしている人も含まれています。雇用者には家賃等の負担がなく，低い年間収入でも生活できる人もいます。

このように，統計データは何を対象としているのかを明らかにすることが重要であり，集計や統計量を計算するまえに統計データの対象を確認しておく必要があります。図や表でも，統計データの対象を必ず表現するようにしましょう。

総合問題2の解答

A○　　B○　　C×

　散布図（図5）をみると，負け数と失点の関係は線形関係にあると言い切ることは難しいのですが，曲線の関係ではないことはわかります。負け数と失点の相関係数は0.432という正の値であるため，正の相関関係です（A○）。勝利数20のチームの箱ひげ図（図4）をみると，勝利数20の観測値は外れ値として表現されています（B○）。外れ値が存在する場合や，度数分布が左右対称でない場合には標準偏差や変動係数の適用には問題が生じます。勝利数は外れ値が存在するため，勝利数と負け数の変動係数の値に基づいて分布の拡がりを評価することは難しい状況です（C×）。

● 索 引

著　者 ● 稲葉由之 (いなば　よしゆき)
青山学院大学経営学部教授，博士（工学）
1964 年生まれ。小樽商科大学商学部助教授，総務省統計研修所教授，慶應義塾大学経済学部教授，明星大学経済学部教授を経て 2021 年より現職。

プレステップ統計学Ⅰ　記述統計学〈第 2 版〉

2012（平成 24）年 4 月 15 日　初　版 1 刷発行
2023（令和 5 ）年 4 月 15 日　同　　11 刷発行
2024（令和 6 ）年 3 月 15 日　第 2 版 1 刷発行

著　者　稲葉　由之

発行者　鯉渕　友南

発行所　株式会社 弘文堂　　101 - 0062　東京都千代田区神田駿河台 1 の 7
　　　　　　　　　　　　　　TEL 03(3294)4801　　振 替 00120 - 6 - 53909
　　　　　　　　　　　　　　https://www.koubundou.co.jp

デザイン・イラスト　高嶋良枝
印　刷　三報社印刷
製　本　三報社印刷

ISBN978-4-335-00159-8